Tasty Food
食在好吃

人气好汤的
257种做法

杨桃美食编辑部 主编

江苏凤凰科学技术出版社

图书在版编目（CIP）数据

人气好汤的257种做法 / 杨桃美食编辑部主编 . ——
南京 : 江苏凤凰科学技术出版社 , 2015.10（2019.4 重印）
（食在好吃系列）
ISBN 978-7-5537-4951-8

Ⅰ . ①人… Ⅱ . ①杨… Ⅲ . ①汤菜 – 菜谱 Ⅳ .
① TS972.122

中国版本图书馆 CIP 数据核字 (2015) 第 149094 号

人气好汤的257种做法

主　　　编	杨桃美食编辑部	
责 任 编 辑	张远文　　葛　昀	
责 任 监 制	曹叶平　　方　晨	

出 版 发 行	江苏凤凰科学技术出版社
出版社地址	南京市湖南路 1 号 A 楼，邮编：210009
出版社网址	http://www.pspress.cn
印　　　刷	天津旭丰源印刷有限公司

开　　　本	718mm×1000mm　1/16
印　　　张	10
插　　　页	4
版　　　次	2015年10月第1版
印　　　次	2019年4月第2次印刷

标 准 书 号	ISBN 978-7-5537-4951-8
定　　　价	29.80元

图书如有印装质量问题，可随时向我社出版科调换。

每天都想喝的
美味汤品

　　不论餐桌上有几道菜，都少不了一道暖呼呼的汤，哪怕酒足饭饱，也要喝上一碗才满足。在中式饮食习惯中，汤通常是餐后或餐间喝，餐后喝汤有去油解腻的作用，而餐间喝些清淡的汤品，也很有益。

　　想要煮一锅好喝的汤其实并不难，只要搭配好食材并控制好时间，就算是利用日常常见的食材，也能轻松变化出令人叫绝的美味汤品来。

　　本书网罗了 257 道各式汤品的美味配方，除大家最爱喝的清汤、羹汤、浓汤、滋补养生汤外，还特别规划了"10 分钟快煮汤"及"懒人电饭锅汤"单元，为平日繁忙的您提供更为便捷的煮汤选择。

＊备注：

1 大匙（固体）= 15 克

1 小匙（固体）= 5 克

1 大匙（液体）= 15 毫升

1 小匙（液体）= 5 毫升

1 杯（液体）= 240 毫升

目 录
CONTENTS

PART 1
鲜美清汤

PART 2
香浓羹汤浓汤

煮汤方法面面观

滚汤和煲汤的差异

　　滚汤是指将所有食材放入煮沸的汤汁中，几分钟就能煮熟起锅的汤，特点是汤汁清甜（浓汤除外），也能尝到食材的原汁原味。煲汤是指经较长时间的熬煮（1小时以上），把锅中所有食材都煮至软烂，使食材的精华与营养完全融入汤汁中。煲汤的汤汁较浓厚，常见的如港式煲汤、炖补类汤品都属煲汤。

大火、小火煮汤大不同

　　大火通常用来熬猪骨、牛骨等，可煮出乳白色的汤头。想要煮出清澈的汤头，建议用小火，尤其是长时间炖煮时，火太大汤汁就容易混浊，许多食材碎屑会浮在汤汁中。通常煮浓汤也适合用小火，这样锅底才不会被烧焦。

汤头好坏的判断

　　无论是清汤还是浓汤，味道一定要足、要浓厚，所以在煮肉骨汤时，经常会加肉进去，为的就是味道足够。至于要放多少，则要看个人对汤味的要求和经验了。如果是熬煮清汤，汤色愈清愈好，熬汤的材料也是愈丰富愈好。不过要注意的是，一旦汤料已经煮至无味了就要捞起，以免破坏整道汤的味道。

锅具的选择

　　用汤锅或炒锅大火煮开后改小火慢炖，可以煮出最浓厚的汤头。如果想要汤汁更清澈，可将食材和水放入汤盅，用保鲜膜封口，然后放在蒸锅（蒸笼）蒸，这样蒸出的食材软而不烂，香气也不容易散出；通常较为珍贵的食材或药膳汤，常用汤盅蒸炖法。使用电饭锅来煮汤则最轻松方便，不用担心汤汁煮干、火候大小的问题，但是有些肉类煮好后会较干涩。

6大妙招，让汤品更美味

妙招 1：善用葱、姜、酒去腥

　　煮汤最怕有腥味，我们可以使用一些去腥材料来去腥，像老姜去皮切片、葱白切段、汤中加入米酒，这些方法都能去除腥味并提升鲜味，让汤变得好喝。加姜片、葱白段时，可以先用牙签串起，方便煮完后捞除。

妙招 2：先氽烫，让汤更清澈

　　无论鸡肉、猪肉、排骨还是鸭肉，煮汤前要先氽烫过，方法是冷水下锅再开火慢慢加温，这样才能让肉质的血水流出。可以保持滚沸状态约3分钟，让肉外层略熟，再捞出用冷水冲除浮沫。这样可以让煮出来的汤头清澈透亮不混浊，口感也会更好。

妙招 3：干货浸泡，更易熟

　　煮汤常用到豆类、干货及药材。干货在煮汤前通常要先泡水软化再烹煮，如果泡水时间不足，吃起来口感会很硬，建议前一晚就提前浸泡，制作当天才不会手忙脚乱。

妙招 4：煎鱼去腥增香

　　肉类适合用氽烫法，但鱼却不适宜用此方，烹制鱼时，要使用另一种去腥法。鱼洗净处理完内脏、鱼鳞后，先用纸巾擦干水分，再放入锅中煎至金黄色、定形，同时加入葱段、姜片一起煎香去腥。煎完的鱼再放入锅内煮汤，就没有鱼腥味了。

妙招 5：水量盖过食材

　　无论用哪种锅具，锅中的水量要完全盖过食材，如果有食材露在水面外，不但不容易熟透，煮完后露出来的部分也会因流失水分，显得微干且老涩。

妙招 6：用胡椒粒替代胡椒粉

　　煮汤时尽量用胡椒粒取代胡椒粉，这样是为了让汤拥有胡椒的香气，但却不会因为加了胡椒粉而让汤变黑，影响汤的清澈度。如果是炖煮，那么用整颗胡椒粒即可，且不要超过3～4小时，煮久了胡椒粒会自然爆裂开来；如果是用电饭锅，烹煮时间一般较短，因此煮之前要先将胡椒粒压破，这样味道才易散发出来。

PART 1

鲜美清汤

清汤是指将食材放入汤中煮至滚沸，经调味即可食用的汤品，或是炖煮时间不超过1小时的汤。像鸡汤、排骨汤、蔬菜汤等，都属清汤。清汤可以保持食材的原汁原味，在吃完大鱼大肉后来碗清汤最合适了。

苦瓜排骨汤

材料
白玉苦瓜1条、猪排骨300克、小鱼干15克、水800毫升

调料
盐1小匙、米酒1大匙

做法
1. 白玉苦瓜剖开，去除子囊，切成菱形片；小鱼干泡水洗净，沥干备用。
2. 猪排骨剁小块，放入滚水中汆烫，捞起冲洗掉浮沫再沥干。
3. 取汤锅加800毫升水和猪排骨块煮30分钟，再加入白玉苦瓜片、小鱼干及调料，煮至苦瓜变软即可。

金针菇排骨汤

材料
金针菇30克、猪排骨300克、姜片20克、水600毫升

调料
盐1小匙、米酒1大匙

做法
1. 金针菇洗净，用清水浸泡至软，洗净沥干。
2. 猪排骨剁小块，放入滚水中汆烫，捞起冲洗掉浮沫再沥干。
3. 取汤锅加600毫升水、猪排骨块和姜片煮滚，转小火再煮30分钟至猪排骨软烂。
4. 继续加入金针菇，捞除姜片，加入调料拌匀即可。

白萝卜排骨汤

材料
白萝卜300克、猪排骨300克、姜片20克、水800毫升

调料
盐1小匙、米酒1大匙、胡椒粉1/2小匙

做法
1. 白萝卜削皮洗净，切滚刀块。
2. 猪排骨剁小块，放入滚水中汆烫，捞起冲洗掉浮沫再沥干。
3. 取汤锅加800毫升水、白萝卜块、猪排骨块和姜片煮滚，转小火再煮50分钟至猪排骨软烂，捞除姜片，加入调料拌匀即可。

玉米排骨汤

材料
玉米1根、猪排骨300克、胡萝卜100克、水800毫升

调料
盐1小匙、米酒1大匙

做法
1. 胡萝卜去皮，切滚刀块；玉米洗净，切小段，备用。
2. 猪排骨剁小块，放入滚水中汆烫，捞起冲洗掉浮沫再沥干。
3. 取汤锅加800毫升水和胡萝卜块、玉米段、猪排骨块煮滚，转小火继续煮50分钟，加入调料拌匀即可。

佛手瓜排骨汤

材料

佛手瓜300克、猪排骨150克、姜片30克、葱段少许、水900毫升

做法

1. 佛手瓜洗净，切块状；猪排骨洗净，剁成小块，放入滚水中氽烫去腥，沥干备用。

2. 取汤锅，放入900毫升水、姜片、葱段、猪排骨块及所有调料，加盖焖煮约40分钟，再放入佛手瓜块，继续焖煮10分钟即可。

鱿鱼螺肉汤

材料

鱿鱼1/2条、螺肉1罐、猪排骨350克、蒜苗段80克、竹笋片70克、水1000毫升

调料

盐少许、米酒1大匙

做法

1. 鱿鱼洗净，加水（分量外）泡至微软后，去皮切条状备用。

2. 猪排骨洗净剁块，氽烫备用。

3. 汤锅倒入水煮至滚沸，放入猪排骨以小火煮约40分钟，再放入竹笋片、鱿鱼条、螺肉与螺肉汤汁一起煮滚，加入调料、蒜苗段再次煮滚即可。

海带排骨汤

材料
海带 30 克、猪排骨 600 克、姜片 20 克、水 800 毫升

调料
米酒50毫升、盐1/2小匙

做法
1. 猪排骨剁块后放入滚水中氽烫，捞出洗净沥干；海带略冲净，剪短泡入水中约20分钟至涨发。
2. 将800毫升水加入汤锅，煮开后放入猪排骨、海带、姜片及米酒。
3. 加盖再次煮开后，转小火炖煮约40分钟，加入盐调味即可。

干豆角炖排骨

材料
干豆角120克、猪排骨250克、姜丝30克、水 2000毫升

调料
盐1小匙、糖1/2小匙

做法
1. 干豆角泡水至软，切段备用。
2. 猪排骨洗净切块，放入滚水中氽烫，捞起备用。
3. 将干豆角、猪排骨放入汤锅中，加入姜丝、水和所有调料，煮开后转小火再煮30分钟即可。

美味关键
所有晒干的食材，如长豆角、花菜干等，都可拿来与肉类一起炖汤，菜干的风味融入汤中，是地道的客家汤品。

排骨酥汤

材料
猪排骨	350克
白萝卜块	300克
葱段	适量
蒜	适量
香菜	适量
红薯粉	适量
高汤	1600毫升

调料
盐	1/2小匙
鸡精	1/2小匙
冰糖	少许

腌料
酱油	1小匙
盐	少许
糖	少许
米酒	1大匙
胡椒粉	1/4小匙
五香粉	少许
鸡蛋	1/3个

做法
1. 将猪排骨和腌料放入大碗中混合拌匀，腌约60分钟至入味后，均匀沾裹上红薯粉。
2. 取锅，加入半锅油烧热至170℃，放入腌排骨、葱段和蒜炸至猪排骨浮起至油面，捞起、沥油。
3. 将高汤和调料放入锅中煮至滚沸备用。
4. 取容器放入适量的白萝卜块、炸好的猪排骨、葱段和蒜，加入高汤约八分满，放入电饭锅中，按下开关，煮至开关跳起，再闷10分钟，倒入碗中，食用前加入香菜即可。

苹果排骨汤

材料
苹果1个、猪排骨300克、海带20克、姜丝10克、水2000毫升

调料
盐少许

做法
1. 猪排骨洗净，放入滚水中氽烫去除血水，捞起以冷水洗净，备用。
2. 苹果去籽、切块；海带剪条状以冷水浸泡，备用。
3. 取一汤锅，放入猪排骨、海带、姜丝与水，以小火煮约30分钟。
4. 将苹果块放入汤锅中，以小火继续煮约1小时，起锅前加入盐调味即可。

西瓜皮排骨汤

材料
西瓜皮200克、猪排骨300克、姜片10克、红枣6颗、水1000毫升

调料
盐1/2小匙、鸡精1/4小匙、米酒1/2小匙、白胡椒粉少许

做法
1. 西瓜皮洗净，削去绿色外皮，切块备用。
2. 猪排骨洗净、切块，氽烫约2分钟，捞起沥干备用。
3. 取锅加水煮滚，放入猪排骨块、西瓜皮块、姜片及红枣，以中火煮滚，盖上锅盖，转小火煮约30分钟，加入所有调料拌匀，再焖约5分钟即可。

冬瓜玉米排骨汤

材料
冬瓜300克、玉米1根、猪小排300克、姜丝5克、水1000毫升

调料
米酒1大匙、盐少许、白胡椒粉少许

做法

1. 猪小排切适当大小，放入沸水中汆烫去血水后，取出泡冷水冷却。
2. 冬瓜去皮、去籽，切丁状；玉米切圆段，洗净备用。
3. 取锅加入水、姜丝煮沸，放入猪小排再次煮沸后，转中小火再煮约15分钟，再加入冬瓜丁、玉米段与其余调料，煮至冬瓜变软即可。

青木瓜排骨汤

材料
青木瓜1/2个、猪排骨300克、老姜30克、葱1根、水600毫升

调料
盐1小匙

做法

1. 将猪排骨剁小块，放入滚水中汆烫后捞出备用。
2. 青木瓜去籽、挖掉内瓤，切滚刀块汆烫后捞出备用。
3. 老姜去皮切片；葱只取葱白洗净，备用。
4. 将以上所有食材、水和调料，放入电饭锅，按下煲汤键，煮至开关跳起，捞除葱白即可。

草菇排骨汤

材料

罐头草菇	300克
猪排骨	300克
香菜	适量
高汤	1200毫升

调料

盐	1/2小匙
鸡精	1/4小匙

腌料

酱油	1/2小匙
盐	少许
糖	少许
胡椒粉	1/4小匙
陈醋	少许
米酒	1大匙
鸡蛋	1/2个

做法

1. 猪排骨洗净，和腌料一起放入大碗中拌匀，腌约30分钟，加入红薯粉（材料外）拌匀。

2. 取锅，加入半锅油烧热至170℃，放入腌好的猪排骨炸至浮出油面，捞起沥油。

3. 罐头草菇放入滚水中略氽烫，捞出备用。

4. 取锅，加入高汤煮滚，再加入调料、草菇和排骨酥煮至滚沸后，加入香菜即可。

黄瓜排骨汤

材料
黄瓜100克、猪排骨200克、水500毫升

调料
盐1小匙

做法
1. 将黄瓜去皮及籽后，切块状备用。
2. 猪排骨放入沸水中汆烫，去血水后捞起，备用。
3. 将以上所有材料和水放入锅内，以小火煮约30分钟，至猪排骨熟透后加盐调味即可。

土豆排骨汤

材料
土豆1个、猪排骨200克、水800毫升、姜丝20克、葱1根

调料
盐1小匙、香菇粉1小匙、米酒2小匙、香油1小匙

做法
1. 土豆洗净去皮切块；猪排骨汆烫后洗净沥干；葱洗净切成葱丝，备用。
2. 将土豆块、盐、香菇粉、米酒、水、姜丝与猪排骨一同入锅煮至沸腾，再以小火煮30分钟，加入香油与葱丝即可。

银耳炖排骨

材料

干银耳	25克
猪排骨	300克
青木瓜	300克
红枣	10颗
枸杞子	10克
姜片	10克
开水	800毫升

调料

盐	1/2小匙
糖	少许
米酒	2大匙

做法

1. 干银耳泡水涨发后，洗净再剪除蒂头，用手撕成小朵状，放入滚水中略氽烫，捞起沥干。
2. 青木瓜洗净，去皮去籽后切小块。
3. 猪排骨洗净后，放入滚水中氽烫2分钟，捞出沥干备用。
4. 红枣和枸杞子以冷开水略冲洗干净，沥干水分备用。
5. 将猪排骨、青木瓜块、红枣放入电饭锅中，再加入姜片、米酒和800毫升开水，按下电饭锅开关，煮至开关跳起，再闷约5分钟。
6. 然后加入盐、糖、银耳和枸杞子，按下开关继续煮，待开关跳起即可。

蔬菜排骨汤

材料
干香菇5朵、牛蒡200克、萝卜叶200克、白萝卜200克、胡萝卜200克、猪排骨 300克、水4000毫升

调料
盐2小匙、糖1小匙、香油1小匙

做法
1. 干香菇洗净泡水；牛蒡将外皮洗净切斜片；萝卜叶洗净切段；白萝卜、胡萝卜分别洗净切块；猪排骨放入滚水中略氽烫后取出备用。
2. 取汤锅，加入水煮至滚沸，放入以上所有材料以小火煮约15分钟，再加入调料拌匀熄火，盖上盖子闷约5分钟即可。

韩式泡菜排骨汤

材料
韩式泡菜100克、猪排骨300克、黄豆芽100克、水1000毫升

调料
盐1/2小匙

做法
1. 猪排骨放入滚水中氽烫，捞起放入汤锅中，加入水，以小火煮30分钟，关火备用。
2. 另取锅烧热，加入1大匙色拉油（材料外）及50克切块的韩式泡菜炒香，再放入黄豆芽以小火炒3分钟。
3. 将做法2的材料倒入装有猪排骨的汤锅中煮10分钟，再加入剩余的泡菜块煮滚，最后加盐调味即可。

肉骨茶汤

材料

肉骨茶药包2包、猪排骨(五花排) 400克、带皮蒜8瓣、水700毫升

调料

盐1小匙

做法

1. 将猪排骨剁小块，放入滚水中汆烫后捞出备用。
2. 将猪排骨块、肉骨茶药包、带皮蒜、水和调料全部放入电饭锅中，按下开关，煮至开关跳起即可。

美味关键 蒜的外皮虽然纤维较粗不能食用，但是不去皮直接下锅煮汤、卤肉或爆香，可以使菜品味道更香浓；食用时只要将外皮吐出即可。

黄豆排骨汤

材料

黄豆50克、猪排骨300克、老姜30克、水600毫升

调料

盐1小匙

做法

1. 黄豆泡水放隔夜，取出沥干；老姜去皮切片备用。
2. 将猪排骨剁小块，放入滚水中汆烫后捞出备用。
3. 将以上所有食材、水和调料放入电饭锅，按下煲汤键，煮至开关跳起，捞出姜片即可。

美味关键 黄豆有很强的吸水性，所以在炖汤前一定要先泡水，这样煮时才好控制水量，也可以加快其软烂的速度。

黑豆排骨汤

材料
黑豆200克、猪排骨300克、洋葱1个、蒜6瓣、月桂叶3片、胡萝卜10克、水1800毫升

调料
盐少许

做法

1. 猪排骨洗净放入沸水中氽烫去血水；黑豆洗净以冷水浸泡约5小时，备用。
2. 洋葱、胡萝卜洗净，切成片状，胡萝卜切花片；蒜去膜，备用。
3. 取汤锅，放入水1800毫升，以大火煮沸后，放入猪排骨转小火续煮约30分钟。
4. 将其余材料加入汤锅中，以小火煮约1小时，起锅前加盐调味即可。

甘蔗排骨汤

材料
甘蔗100克、猪排骨300克、马蹄6个、红枣5颗、水1300毫升

调料
盐少许

做法

1. 猪排骨洗净，入沸水氽烫去血水后，以冷水洗净备用。
2. 马蹄去皮，洗净后切片备用。
3. 甘蔗切小段后，再切成小条状备用。
4. 取电饭锅，放入猪排骨、水、红枣、马蹄、甘蔗。
5. 按下煲汤键煮至跳起，再闷15分钟，加入盐调味即可。

椰子排骨汤

材料
新鲜椰汁800毫升、猪小排300克、椰肉适量、水1500毫升

调料
盐1小匙、鸡精少许

做法
1. 猪小排洗净后，放入滚水中汆烫去除血水，再以清水洗净备用。
2. 取锅加水煮至沸腾后，加入猪小排、椰肉，待汤沸腾后转小火煮约40分钟。
3. 加入所有调料及椰汁，待汤汁沸腾后即可。

※ 注：椰子壳只作为汤盅使用，不用亦可。

西洋菜猪腱汤

材料
西洋菜200克、猪腱200克、蜜枣2颗、陈皮少许、姜片20克、水800毫升

调料
盐1小匙

做法
1. 西洋菜洗净切对半，放入滚水中汆烫后捞出，用冷水冲凉沥干备用。
2. 猪腱放入滚水中汆烫，取出待凉切大块；蜜枣洗净，备用。
3. 汤锅中放入猪腱、蜜枣、陈皮、姜片及水，以小火煮2小时，再加入西洋菜煮30分钟，加盐调味即可。

猪血汤

材料

猪血	900克
猪大骨	600克
猪大肠头	800克
水	6500毫升
酸菜末	适量
韭菜段	适量

调料

A

盐	1大匙
鸡精	1/2大匙
冰糖	1/2大匙

B

胡椒粉	适量
沙茶酱	适量
油葱酥	适量

做法

1. 猪大骨和猪大肠头用加了姜片、葱段和米酒（材料外）的滚水汆烫，捞出冲水，沥干；猪血略冲水，切小块后泡水备用。

2. 取锅，放入猪大骨、猪大肠头和水，以大火煮滚，改转小火煮约60分钟，加入猪血和调料A煮至入味，待猪大肠头变软，取出切小段，再放回锅中。

3. 食用前，将汤盛入碗中，再加入酸菜末、韭菜段、胡椒粉、沙茶酱和油葱酥即可。

萝卜竹荪肉片汤

材料
白萝卜600克、竹荪20克、猪肉片100克、胡萝卜15克、莲子50克、草菇60克、高汤1200毫升

调料
盐1/2小匙、胡椒粉少许、冰糖1/2小匙、香油少许

做法
1. 白萝卜洗净沥干水分后，去皮切块备用。
2. 竹荪泡水至膨胀变大，洗净沥干切小段；胡萝卜洗净沥干水分，先切片再切花；莲子和草菇以水稍微冲洗备用。
3. 取汤锅，加入高汤，再放入白萝卜块和莲子，以小火煮约30分钟至滚沸。
4. 加入竹荪段、胡萝卜片、草菇和猪肉片，煮约10分钟，再加入全部的调料拌匀即可。

芥菜肉片汤

材料
大芥菜1个、猪腱肉150克、姜丝10克、水500毫升

调料
盐1小匙、米酒1大匙、胡椒粉1/2小匙

做法
1. 大芥菜摘除老叶，洗净，切成大片。
2. 猪腱肉切片，放入滚水中汆烫，捞起冲洗掉浮沫再沥干。
3. 取汤锅加500毫升水和大芥菜片、姜丝煮滚，转小火煮30分钟至芥菜软烂。
4. 加入猪腱肉片煮至肉色变白，加入调料拌匀即可。

枸杞子瘦肉汤

材料
枸杞子10克、猪瘦肉200克、圆白菜200克、胡萝卜20克、鲜香菇6朵、水1500毫升

调料
盐少许、鸡精少许

做法
1. 猪瘦肉洗净、切片后放入沸水中余烫去除血水，捞起以冷水洗净，备用。
2. 圆白菜洗净切大块；胡萝卜去皮、洗净、切成花片状；鲜香菇洗净。
3. 取砂锅，放入水1500毫升以大火煮至沸腾后，放入其余材料，转小火续煮约30分钟，起锅前加入所有调料拌匀即可。

金针菇榨菜肉片汤

材料
金针菇1把、榨菜100克、猪五花薄肉片60克、葱段10克、水600毫升

调料
A 盐少许、白胡椒粉少许
B 香油少许

做法
1. 榨菜切丝后洗净沥干；金针菇去蒂头后洗净对切；猪五花薄肉片切小段，加入调料A抓匀，备用。
2. 热锅，倒入少许油，加入猪五花薄肉片炒至变白，放入葱段、榨菜丝炒香。
3. 加入金针菇段略炒，再加入水煮至沸腾，起锅前加入香油即可。

茭白玉米笋汤

材料
茭白笋2根、玉米笋100克、蒜苗20克、培根20克、高汤800毫升、色拉油1大匙

调料
盐1/4小匙、鸡精1/4小匙

做法
1. 茭白笋去外壳，洗净沥干水分后切块状；玉米笋洗净沥干水分，斜切段状；青蒜洗净沥干水分斜切段状；培根切小片状备用。
2. 热一油锅，放入蒜苗段、培根片爆香后盛起备用。
3. 另取汤锅，先加入高汤以大火煮至滚沸，放入茭白笋、玉米笋再煮至滚沸，并改以小火煮约15分钟，续放入蒜苗段、培根片和所有调料拌匀，煮约1分钟即可。

干贝腊肉冬瓜汤

材料
干贝50克、腊肉100克、冬瓜200克、枸杞子2克、姜丝2克、水1000毫升

做法
1. 将腊肉去硬皮后切厚片备用。
2. 干贝、枸杞子泡水约5分钟，沥干备用。
3. 冬瓜去皮及籽瓤，切小块备用。
4. 将以上所有材料与姜丝、1000毫升水一起放入锅中，以小火炖煮约30分钟即可。

香油猪腰汤

材料

猪腰2个（约350克）、姜丝适量、高汤700毫升、枸杞子适量

调料

米酒50毫升、盐1/4小匙、鸡精少许、香油1大匙

做法

1. 猪腰洗净，切花刀后，分切成小片状，放入滚水中汆烫后，捞出冲水沥干备用。
2. 取锅，加入香油，放入姜丝和猪腰略拌炒后，加入米酒拌炒一下。
3. 接着倒入高汤、枸杞子煮至滚沸，再加入其余的调料煮匀即可。

白菜猪肝汤

材料

小白菜100克、猪肝200克、姜丝20克、水500毫升

调料

盐1小匙、胡椒粉1/4小匙、米酒1大匙、淀粉1小匙

做法

1. 小白菜洗净切小段；猪肝洗净切厚片，放入容器中，加入淀粉拌匀备用。
2. 取汤锅加入500毫升水煮滚，放入猪肝片、姜丝、盐、米酒煮5分钟，再加入小白菜段煮滚，撒上胡椒粉即可。

香油下水汤

材料

鸡胗1副、鸡肝2副、姜丝15克、葱花10克、水400毫升

调料

盐1/4小匙、鸡精少许、胡椒粉少许、米酒1大匙、香油2大匙

做法

1. 将鸡胗和鸡肝洗净切片，放入沸水中氽烫一下，立刻捞出备用。
2. 热锅后加入香油，放入姜丝爆香，倒入水煮滚，再放入米酒和鸡肝、鸡胗煮熟。
3. 最后加入剩余调料和葱花拌匀即可。

猪脚汤

材料

猪脚1500克、姜片30克、葱段30克、胡椒粒10克、水4500毫升

调料

米酒200毫升、盐1/2大匙、鸡精1小匙、冰糖1小匙

做法

1. 猪脚洗净放入滚水中氽烫，捞出冲洗沥干备用。
2. 取锅，放入猪脚、姜片、葱段、胡椒粒、水和200毫升米酒，以大火煮滚。
3. 改转小火煮约90分钟，加入其余调料，再煮约15分钟后闷一下，捞出备用。
4. 食用前再切小块盛入碗中，加入适量做法3的汤汁，放上姜丝（分量外）即可。

菱角瘦肉汤

材料
菱角肉150克、猪腱300克、姜片3片、水1000毫升

调料
盐1小匙

做法
1. 猪腱放入滚水中汆烫，捞起洗净备用。
2. 菱角肉洗净，放入滚水中汆烫，捞起备用。
3. 将以上所有材料放入汤锅中，加入姜片和水，以小火煮4小时，取出猪腱肉切小块，再放回汤锅中，最后加盐调味即可。

丝瓜瘦肉汤

材料
丝瓜160克、猪瘦肉100克、新鲜香菇2朵、姜10克、色拉油少许、水500毫升

调料
盐1/2小匙

做法
1. 先将丝瓜去皮切成片；新鲜香菇洗净，切成片；猪瘦肉洗净切成厚片；姜去皮切片，备用。
2. 取一锅，锅内加入少许色拉油，放入姜片用小火慢慢爆香，再倒入水以中火煮开。
3. 待水煮开后加入新鲜香菇片、猪瘦肉片，煮至八分熟，加入丝瓜片和盐，再煮5分钟即可。

酸菜猪肚汤

材料

A

猪肚	1个
姜片	适量
葱段	适量

B

酸菜	适量
高汤	700毫升
姜丝	适量
葱段	适量

C

水	适量

调料

A

盐	1/4小匙
鸡精	少许
米酒	少许

B

米酒	50毫升

做法

1. 猪肚洗净，翻面加盐（分量外）清洗一次，再加入适量面粉和花生油(皆分量外)搓洗干净，放入滚水中汆烫约10分钟后，捞起冲水洗净。

2. 猪肚放入锅中，加入材料A的姜片、葱段、调料B的米酒和可淹盖过猪肚的水量，放入电饭锅中，按下开关，煮至开关跳起后，取出放凉，切片即可。

3. 酸菜洗净切丝备用。

4. 取锅，加入高汤煮至滚沸，放入猪肚片、酸菜丝、材料B中的姜丝和葱段煮至再次滚沸，加入调料A煮匀即可。

珍珠鲍猪肚汤

材料
罐头珍珠鲍1罐、猪肚1副、竹笋1只、香菇6朵、姜片6片、水1600毫升

调料
盐1小匙、米酒1小匙

做法

① 猪肚用盐（分量外）搓洗后，内外反过来再用面粉、白醋（均为材料外）搓洗后洗净，放入沸水中煮约5分钟，捞出浸泡冷水至凉后，切除多余的脂肪，再切片备用。

② 竹笋洗净切片；香菇洗净切半，备用。

③ 取一汤盅，放入珍珠鲍、猪肚、竹笋、香菇、姜片、米酒及水，放入蒸锅中蒸约90分钟，最后加盐调味即可。

胡椒猪肚汤

材料
白胡椒粒1大匙、猪肚1个、干白果1大匙、腐竹1根、老姜片10片、葱白4根、水800毫升

调料
盐1/2小匙、鸡精1/2小匙、米酒1大匙

做法

① 干白果泡水约8小时后沥干；腐竹泡软、剪段。猪肚剪去油脂、翻面，加1大匙盐（分量外）搓洗净，再加1大匙白醋（材料外）搓洗冲净，氽烫3分钟，捞出刮去白膜。

② 白胡椒粒用刀面压破；姜片、葱白用牙签串起，备用。

③ 电饭锅放入以上所有材料，再加入800毫升水及所有调料，盖上锅盖，按下开关，煮至开关跳起后，捞除姜片、葱白，取出猪肚用剪刀剪小块后放回汤中即可。

莲子猪心汤

材料
莲子15克、猪心1个、猪瘦肉150克、桂圆肉10克、红枣5颗、姜片5克、陈皮1克、水1500毫升

调料
盐少许、米酒1大匙

做法
1. 猪瘦肉、猪心放入沸水中汆烫去血水后，捞起以冷水冲洗干净，切片备用。
2. 取汤锅，放入水1500毫升，以大火煮沸后，放入猪瘦肉片、猪心片，转小火煮约半小时。
3. 将其余材料加入汤锅中，以小火再煮约30分钟。
4. 最后加入所有调料拌匀即可。

花生猪尾汤

材料
带皮花生仁100克、猪尾4条、水2000毫升、老姜20克、泡开的枸杞子少许

调料
盐2小匙、胡椒粉1/2小匙、米酒1大匙

做法
1. 猪尾切段洗净，放入滚水中汆烫，捞起沥干。
2. 带皮花生仁浸泡在冷水中约半天的时间，捞起沥干。
3. 将全部材料（枸杞子先不放入）放入汤锅中，开小火煮约2小时后，加入所有调料即可。
4. 上桌前再加入泡开的枸杞子装饰。

山药猪腰汤

材料
山药100克、猪腰1副、姜丝40克、水100毫升

调料
盐1/4小匙、香油2大匙、米酒100毫升

做法

1. 猪腰对剖后切去肾球，划花刀并切厚片后，泡水约15分钟去腥味，备用。
2. 煮一锅水，水滚后将猪腰片下锅汆烫约20秒钟即取出，泡水洗净沥干备用。
3. 山药去皮后切粗条，与姜丝、胡香油、米酒与汆烫好的猪腰一起放入电饭锅内，加入水，盖上锅盖，按下开关，待开关跳起，加入盐调味即可。

花生炖猪脚

材料
花生仁100克、猪脚1500克、当归1片、红枣8颗、姜片10克、水2000毫升

调料
盐1小匙、米酒100毫升

做法

1. 猪脚洗净切块，放入滚水中汆烫10分钟，捞起洗净沥干备用。
2. 花生仁泡水5～6小时，洗净后放入滚水中汆烫约3分钟，捞起沥干备用。
3. 将所有材料和米酒放入电饭锅中，按下开关，煮至开关跳起，打开锅盖，加入盐拌匀，闷约10分钟即可。

黄豆炖猪蹄

材料
黄豆120克、猪蹄800克、姜片20克、水1000毫升

调料
米酒50毫升、盐1小匙

做法
1. 猪蹄剁小块后洗净；黄豆洗净，泡水6小时后沥干，备用。
2. 煮一锅水，将猪蹄块下锅，煮至滚沸后取出，用冷水洗净后沥干。
3. 将煮过的猪蹄块放入电饭锅中，加入黄豆、水、姜及米酒，盖上锅盖，按下开关。
4. 待开关跳起，再闷20分钟后加盐调味即可。

酒香猪蹄

材料
猪蹄1200克、葱段50克、姜片40克、红辣椒2个、水500毫升

调料
米酒300毫升、蚝油5大匙

做法
1. 猪蹄汆烫后洗净，切块备用。
2. 将葱、姜及红辣椒放入电饭锅中，再放入猪蹄，并加入米酒、水、蚝油。
3. 电饭锅按下开关，煮至开关跳起，持续保温闷20分钟后打开锅盖，取出装盘即可。

蒜香鸡汤

材料
蒜60克、蒜苗10克、乌鸡500克、水850毫升

调料
米酒30毫升、盐1/2小匙

做法

① 蒜洗净去皮；蒜苗洗净切丝，备用。

② 乌鸡洗净切大块；取一锅水煮滚，放入乌鸡氽烫，捞出洗净，备用。

③ 锅烧热，加少许食用油，放入蒜炒香，再放入850毫升水、米酒和氽烫好的乌鸡块以小火煮约30分钟，最后放入盐和蒜苗丝即可。

黄瓜玉米鸡汤

材料
黄瓜150克、玉米150克、鸡肉600克、小鱼干15克、香菜少许、热水1200毫升

调料
盐1小匙、胡椒粉少许

做法

① 玉米洗净切段；黄瓜洗净去皮，切大块；小鱼干洗净备用。

② 鸡肉洗净切大块；取一锅水煮滚，放入少许米酒（材料外）和鸡肉块氽烫，捞出洗净，备用。

③ 电饭锅放入玉米、黄瓜、小鱼干、鸡肉块和热水，按下开关煮至开关跳起，闷10分钟，最后加入香菜、盐和胡椒粉调味即可。

萝卜鸡汤

材料
白萝卜1根（约600克）、土鸡1/2只（约700克）、老姜1块（约20克）、鸡高汤1500毫升、香菜适量

调料
盐1.5小匙

做法
1. 土鸡洗净剁块后，放入滚水中氽烫，捞起洗净。
2. 白萝卜去皮洗净，切滚刀块，放入滚水中略氽烫，捞起沥干备用。
3. 老姜去皮，拍扁备用。
4. 将以上全部材料及鸡高汤放入汤锅中，小火煮约30分钟，再加入调料及香菜即可。

榨菜竹笋鸡汤

材料
榨菜80克、熟竹笋60克、去骨鸡腿250克、葱15克、水800毫升

调料
盐1/4小匙、胡椒粉少许、米酒少许

做法
1. 熟竹笋切片；榨菜洗净切片；葱洗净切斜片备用。
2. 取一锅水加少许米酒煮滚，放入鸡腿肉氽烫，捞出洗净，切块备用。
3. 另取一汤锅，加入800毫升水、竹笋片、榨菜和鸡腿肉片，以小火煮约20分钟，最后放入葱片、盐和胡椒粉调味即可。

麻辣鸡汤

材料
A 洋葱丝15克、花椒粒10克、干辣椒10克、八角2颗、草果2颗、豆蔻10克
B 鸡肉800克、葱段20克、水1400毫升

调料
盐1小匙

做法
1. 鸡肉洗净切大块，放入滚水中汆烫，捞出洗净，备用。
2. 锅烧热，加少许食用油，放入所有材料A炒香，再放入1400毫升水和汆烫好的鸡肉，以小火煮约50分钟，最后放入盐和葱段即可。

酸白菜鸡汤

材料
酸白菜200克、鸡翅 600克、鲜虾120克、蒜苗25克、水1300毫升

调料
盐1小匙、米酒少许

做法
1. 酸白菜切段；鲜虾洗净，去除肠泥，剪去长须，备用。
2. 鸡翅洗净；取一锅水加少许米酒煮滚，放入鸡翅汆烫，捞出洗净，备用。
3. 汤锅依序放入酸白菜、鸡翅和1300毫升水，以小火煮约30分钟，最后放入鲜虾、盐和蒜苗，煮2分钟即可。

蛤蜊冬瓜鸡汤

材料
蛤蜊150克、冬瓜150克、土鸡肉300克、姜丝15克、水1200毫升

调料
米酒15毫升、盐1/2小匙、鸡精1/4小匙

做法

1. 蛤蜊用滚水汆烫约15秒后取出、冲凉水，用小刀将壳打开后，把沙洗净，备用。
2. 土鸡肉剁小块后汆烫去血水，再捞出用冷水冲凉洗净；冬瓜去皮切厚片，与处理好的土鸡肉块、姜丝一起放入汤锅中，再加入水，以中火煮至滚沸。
3. 待鸡汤滚沸后捞去浮沫，再转小火，加入米酒，不盖锅盖煮约30分钟至冬瓜软烂后；接着加入蛤蜊，待鸡汤再度滚沸后，加入盐与鸡精调味即可。

山药胡椒鸡汤

材料
白胡椒粒1大匙、山药500克、鸡肉500克、姜片15克、水800毫升

调料
米酒50毫升、盐1/2小匙

做法

1. 鸡肉剁小块后汆烫洗净沥干；山药去皮洗净切粗条，沥干，备用。
2. 将水倒入汤锅中，煮开后放入鸡肉块、山药条及白胡椒粒、姜片、米酒。
3. 盖上锅盖，煮开后转小火，炖煮约40分钟，最后加入盐调味即可。

土豆炖鸡汤

材料

土豆1个、鸡腿肉1只、姜片10克、胡萝卜50克、葱段少许、水1000毫升

调料

奶油20克、盐少许、白胡椒粉少许、米酒1大匙、五香粉1大匙

做法

① 将鸡腿肉切大块，放入滚水中稍微汆烫，捞起沥干；土豆、胡萝卜去皮洗净，切滚刀块，备用。

② 取锅，加入1大匙色拉油（材料外），先放入姜片、葱段爆香后，加入土豆块、胡萝卜块略为拌炒，再加入鸡腿肉块，以中火翻炒均匀。

③ 加入所有调料，再以小火炖煮约25分钟即可。

菱角鸡汤

材料

菱角肉100克、土鸡肉300克、枸杞子5克、姜丝15克、水1200毫升

调料

米酒15毫升、盐1/2小匙、鸡精1/4小匙

做法

① 土鸡肉剁小块，放入滚水中汆烫去血水，再捞出用冷水冲凉洗净，备用。

② 将菱角肉与土鸡肉块、姜丝、枸杞子一起放入汤锅中，加入水，以中火煮至滚沸。

③ 最后加入所有调料调味即可。

槟榔心鲜鸡汤

材料
槟榔心80克、土鸡肉300克、枸杞子5克、姜丝15克、水1200毫升

调料
米酒15毫升、盐1/2小匙、鸡精1/4小匙

做法
1. 土鸡肉剁小块，放入滚水中汆烫去血水，再捞出用冷水冲凉洗净；槟榔心切段，备用。
2. 将土鸡肉块、槟榔心与姜丝、枸杞子一起放入汤锅中，加入水，以中火煮至滚沸。
3. 待鸡汤滚沸后捞去浮沫，再转小火，加入米酒，不盖锅盖煮约30分钟，关火后加入盐与鸡精调味即可。

干贝莲藕鸡汤

材料
干贝3颗、莲藕200克、鸡腿300克、莲子30克、姜片5克、水750毫升

调料
盐少许、米酒少许

做法
1. 鸡腿洗净剁块，入沸水汆烫去血水，捞起以冷水洗净备用。
2. 干贝以50毫升米酒（分量外）泡软；莲藕去皮洗净，切片状；莲子洗净，备用。
3. 取汤盅放入所有材料和调料，盖上保鲜膜蒸约80分钟即可。

干贝蹄筋鸡汤

材料
干贝20克、猪蹄筋100克、乌鸡肉200克、火腿50克、姜片15克、水500毫升

调料
盐3/4小匙、鸡精1/4小匙

做法
1. 乌鸡肉剁小块；猪蹄筋及火腿切小块，一起放入滚水中氽烫去血水后，再捞出用冷水冲凉洗净，备用。
2. 干贝用60毫升冷水浸泡约30分钟后，连汤汁与乌鸡肉块、猪蹄筋块、火腿块、姜片放入汤盅中，再加入500毫升水，盖上保鲜膜。
3. 将汤盅放入蒸笼中，以中火蒸约1.5小时，蒸好后取出加入所有调料调味即可。

剥皮辣椒鸡汤

材料
剥皮辣椒80克、土鸡肉300克、剥皮辣椒汁50毫升、蒜15克、水1200毫升

调料
盐少许、米酒少许

做法
1. 土鸡肉剁小块，放入滚水中氽烫去血水，再捞出用冷水冲凉、洗净，放入汤锅中。
2. 在汤锅中加入剥皮辣椒、剥皮辣椒汁、蒜、水，以中火煮至滚沸。
3. 待鸡汤滚沸后捞去浮沫，再转小火，不盖锅盖煮约30分钟，关火后加入所有调料调味即可。

干贝竹荪鸡汤

材料

干贝	7颗
竹荪	10根
土鸡	1/2只（约600克）
姜片	20克
水	800毫升

调料

盐	2小匙
鸡精	1小匙
米酒	50毫升

做法

1. 将干贝洗净后泡水（淹盖过干贝），放入电饭锅中，加少许水蒸约30分钟备用。

2. 将土鸡切块，用热水氽烫约5分钟至皮收缩，捞出过冷水。

3. 将竹荪泡水约20分钟至软，捞出切成段状，再用滚水氽烫约1分钟，捞出过冷水，洗净竹荪内的细沙备用。

4. 取电饭锅（原来的水倒掉），加入水800毫升，把以上所有食材、姜片和所有调料放入电饭锅中，盖上锅盖，按下开关，煮至开关跳起，取出后放上香菜（材料外）即可。

竹荪花菇鸡汤

材料
竹荪8根、花菇10朵、土鸡1只（约1400克）、姜片4片、葱白段3根、枸杞子1小匙、鸡高汤1000毫升

调料
盐1.5小匙、绍兴酒1小匙

做法
1. 土鸡洗净后，先放入滚水中略烫过，捞起备用。
2. 花菇浸泡在冷水中至软，切去蒂头。
3. 竹荪浸泡在冷水中至软，先去蒂头再分切成小段。
4. 将全部材料放入大砂锅中，盖上锅盖，煮约90分钟后加入调料即可。

冬笋土鸡汤

材料
腌冬笋200克、土鸡1只、姜5克、干香菇5朵、胡萝卜10克

调料
鸡精1小匙、米酒2大匙、盐少许、白胡椒粉少许、香油1小匙

做法
1. 土鸡洗净，放入滚水中氽烫过水备用。
2. 将腌冬笋切成片状；姜、胡萝卜洗净切片；干香菇泡水至软，去蒂头备用。
3. 取汤盅，将以上所有材料和调料依序放入。
4. 在汤盅上包覆上保鲜膜，再放入电饭锅内，按下开关，蒸至开关跳起即可。

鹿茸黄芪鸡汤

材料
鸡肉500克、猪瘦肉300克、鹿茸片和黄芪各20克、姜10克

调料
盐5克、味精3克

做法
① 将鹿茸和黄芪放入清水中洗净；姜去皮切片；猪瘦肉洗净切成厚块。
② 将鸡肉洗净切块，放入沸水中汆去血水后，捞出。
③ 锅内放入水和所有材料以大火煲沸后，再改小火煲3小时，最后放入调料即可。

栗子香菇鸡汤

材料
去皮鲜栗子100克、泡发香菇5朵、土鸡肉200克、姜片15克、水500毫升

调料
盐3/4小匙、鸡精1/4小匙

做法
① 土鸡肉剁小块，放入滚水中汆烫去脏血，再捞出用冷水冲凉洗净，备用。
② 香菇洗净去蒂头，与处理好的土鸡肉块、鲜栗子、姜片一起放入汤盅中，再加入水，盖上保鲜膜。
③ 将汤盅入蒸锅中，以中火蒸1.5小时，取出加入所有调料调味即可。

牛蒡鸡汤

材料
牛蒡茶包1包、鸡腿2只、红枣6颗、水5杯

调料
盐适量

做法
1. 红枣洗净；鸡腿用热开水洗净沥干，备用。
2. 取一内锅放入鸡腿、红枣、牛蒡茶包及水5杯。
3. 将内锅放入电饭锅，盖上锅盖后按下开关，待开关跳起后加盐调味即可。

茶油鸡汤

材料
茶油3大匙、鸡翅500克、姜片20克、枸杞子10克、热水1000毫升

调料
盐少许、米酒200毫升

做法
1. 鸡翅洗净，入沸水汆烫去血水后捞起，以冷水洗净，备用。
2. 将茶油、姜片、鸡翅、米酒、热水一起放入电饭锅中。
3. 倒入热水1000毫升，按下煲汤键煮至跳起，再闷5分钟，加入枸杞子与盐调味即可。

荫瓜鸡汤

材料

荫瓜100克、土鸡1/4只、老姜30克、葱1根、水600毫升

做法

1. 土鸡剁小块，放入滚水汆烫1分钟后捞出备用。
2. 荫瓜略切粗块；老姜去皮切片；葱洗净切段，备用。
3. 将以上所有食材和水，放入电饭锅内，按下煲汤键，煮至开关跳起，捞除葱段即可。

山药枸杞鸡汤

材料

山药300克、枸杞子30克、土鸡肉450克、姜片30克、水1200毫升

调料

盐2大匙、米酒300毫升

做法

1. 山药去皮、洗净、切滚刀块；土鸡肉洗净、切块备用。
2. 取一锅，加入少许油，放入土鸡肉块炒香。
3. 将炒鸡块、姜片、枸杞子、山药块及调料放入电饭锅中，盖上锅盖，按下开关，蒸约35分钟即可。

白果萝卜鸡汤

材料
鲜白果40克、白萝卜100克、土鸡肉200克、红枣5颗、姜片15克、水500毫升

调料
盐3/4小匙、鸡精1/4小匙

做法
1. 土鸡肉剁小块，放入滚水中氽烫去脏血，再捞出用冷水冲凉洗净，备用。
2. 白萝卜去皮后切小块，与处理好的土鸡肉块、白果、红枣、姜片一起放入汤盅中，再加入水，盖上保鲜膜。
3. 将汤盅放入蒸笼中，以中火蒸约1.5小时，关火取出后加入所有调料调味即可。

姬松茸木耳鸡汤

材料
姬松茸200克、黑木耳80克、鸡肉600克、水600毫升

调料
米酒50毫升、盐1小匙

做法
1. 鸡肉洗净后剁小块；姬松茸及黑木耳洗净切小段，备用。
2. 煮一锅水，水滚后将鸡肉下锅氽烫约1分钟后取出，用冷水洗净沥干。
3. 将氽烫过的鸡肉块放入电饭锅中，加入姬松茸和黑木耳、600毫升水、米酒，盖上锅盖，按下开关，待开关跳起后加入盐调味即可。

金针菇鸡汤

材料
金针菇1包、鸡胸肉100克、姜片少许、胡萝卜片20克、葱段10克、水500毫升

调料
Ⓐ 盐少许、糖少许、胡椒粉少许
Ⓑ 香油少许

腌料
淀粉少许、米酒少许

做法
1. 将金针菇去根洗净备用；鸡胸肉洗净切片，加入腌料腌10分钟。
2. 取锅装水加热，水滚后放入姜片、胡萝卜片与腌好的鸡胸肉片，以小火煮滚，再放入金针菇与调料A略拌，最后放入葱段、淋上香油即可。

红豆乌鸡汤

材料
红豆100克、乌鸡肉块300克、红枣5颗、老姜片10克、水2000毫升

调料
米酒1大匙、盐1小匙

做法
1. 将乌鸡肉块洗净，放入沸水中汆烫去除血水，捞起用冷水洗净。
2. 红豆洗净，放入冷水中浸泡约3小时后放入汤锅中，加水2000毫升以大火煮约10分钟，加入乌鸡肉块，转小火续煮约20分钟。
3. 将红枣、老姜片放入汤锅中，再煮30分钟后，加入所有调料拌匀即可。

金针菇银耳鸡汤

材料
金针菇10克、土鸡肉200克、银耳8克、红枣6颗、姜片15克、水500毫升

调料
米酒10毫升、盐3/4小匙、鸡精1/4小匙

做法
1. 土鸡肉剁小块，放入滚水中氽烫去脏血，再捞出用冷水冲凉、洗净，放入汤盅中加500毫升水，备用。
2. 银耳及金针菇以冷水浸泡约5分钟，泡开后将银耳剥小块，再将银耳、金针菇捞出，与红枣、姜片、米酒一起加入汤盅中，盖上保鲜膜。
3. 将汤盅放入蒸笼中，以中火蒸约1小时，蒸好取出后加入盐、鸡精调味即可。

香菜鸡汤

材料
香菜10克、鸡肉600克、芹菜80克、蒜15瓣、水600毫升

调料
绍兴酒50毫升、盐1小匙

做法
1. 鸡肉洗净后剁小块；香菜及芹菜洗净切小段，备用。
2. 煮一锅水，水滚后将鸡肉块下锅氽烫约1分钟后取出，冷水洗净沥干。
3. 将氽烫过的鸡肉块放入电饭锅内，加入水、绍兴酒、芹菜、香菜及蒜，盖上锅盖，按下开关，待开关跳起，加入盐调味即可。

竹笋鸡汤

材料
竹笋300克、鸡腿肉250克、紫苏梅6颗、姜片5克、水1300毫升

调料
盐少许、鸡精少许

做法
1. 鸡腿肉洗净，放入沸水中氽烫去除血水，捞起以冷水洗净，备用。
2. 竹笋洗净，切成块状，备用。
3. 取一砂锅，放入水1300毫升以中火煮至沸腾，放入鸡腿肉、竹笋块，转小火煮约30分钟。
4. 将紫苏梅、姜片放入砂锅中，以小火再煮30分钟后，加入所有调料拌匀即可。

香水椰鸡汤

材料
香水椰子1个、土鸡腿肉150克、枸杞子3克、山药10克

调料
盐1/2小匙、鸡精1/4小匙

做法
1. 在椰子顶部约1/5处锯开，拿掉盖子、倒出椰子汁。
2. 土鸡腿肉剁小块，放入滚水中氽烫去脏血，再捞出用冷水冲凉洗净，备用。
3. 将土鸡腿肉块与枸杞子、山药一起放入椰子壳内，再将椰子汁倒回椰子壳内至约九分满，盖上椰子盖。
4. 将椰子放入蒸笼中，以中火蒸约1小时，取出后加入所有调料调味即可。

花生鸡爪汤

材料
带皮花生仁100克、鸡爪20只、猪排骨200克、水1000毫升、姜片3片、葱段少许

调料
盐1小匙、米酒1大匙

做法
1. 先将花生仁泡水3小时。
2. 鸡爪洗净，切去趾尖后放入滚水中氽烫，再捞起沥干备用。
3. 猪排骨洗净后放入滚水中氽烫，去除血水脏污后捞起。
4. 取一锅，放入花生仁、鸡爪和猪排骨，再于锅中加入姜片、葱段和水，以小火炖约1小时后加入所有调料拌匀即可。

栗子鸡爪汤

材料
栗子8颗、鸡爪10只、红枣6颗、姜片15克、葱白2根、水800毫升

调料
盐1/2小匙、鸡精1/2小匙、绍兴酒1小匙

做法
1. 鸡爪剁去爪尖、氽烫洗净，备用。
2. 栗子泡热水、挑去外皮；红枣洗净，备用。
3. 姜片、葱白用牙签串起，备用。
4. 取电饭锅，放入以上所有材料，再加入800毫升水及所有调料。
5. 盖上锅盖、按下开关，煮至开关跳起后，捞除姜片、葱白即可。

姜母鸭汤

📋 材料
老姜80克、鸭肉900克、圆白菜 200克、金针菇40克、鸿禧菇40克、美白菇40克、水1500毫升

🍶 调料
米酒100毫升、盐1/2小匙、香油3大匙

🍳 做法
1. 鸭肉洗净剁块；老姜洗净拍扁；圆白菜洗净切丝；菇类去蒂头洗净备用。
2. 将鸭肉块汆烫一下，捞出沥干，放入电饭锅中备用。
3. 热一锅，加入香油和老姜爆香，加入1500毫升水煮滚后再放入米酒。
4. 将做法3的材料、鸭肉、圆白菜和菇类倒入电饭锅中，按下开关，煮至开关跳起，加入盐再闷10分钟即可。

酸菜鸭汤

📋 材料
酸菜60克、鸭肉150克、竹笋30克、姜片20克、水1200毫升

🍶 调料
盐1小匙、糖1/2小匙

🍳 做法
1. 鸭肉洗净切片；酸菜洗净切片；竹笋洗净切片，备用。
2. 将酸菜片和竹笋片放入滚水中汆烫，捞起放入汤锅中。
3. 再加入所有调料、水和姜片。
4. 待汤煮开后，转小火煮3分钟，再放入鸭肉片煮熟即可。

芋头鸭煲

材料
芋头1/2个（200克）、鸭1/2只、姜片20克、水1000毫升

调料
盐1小匙

做法
1. 鸭剁小块，放入滚水中汆烫2分钟后捞出备用。
2. 芋头去皮洗净，切滚刀块备用。
3. 热油锅至油温160℃，将芋头以小火炸约5分钟至表面酥脆，捞出沥干油分备用。
4. 热锅加适量色拉油，放入姜片、鸭肉用中火略炒。
5. 然后于锅中加入水煮至沸腾后，转小火续煮1小时，加入芋头再煮至沸腾，放入盐调味即可。

陈皮鸭汤

材料
陈皮3片、鸭1/2只、老姜片6片、葱白2根、水800毫升

调料
盐1小匙、鸡精1/2小匙、绍兴酒1大匙

做法
1. 鸭剁小块、汆烫洗净，备用。
2. 陈皮泡水至软、削去白膜后切小块，备用。
3. 姜片、葱白用牙签串起，备用。
4. 取一电饭锅，放入以上所有材料，再加入800毫升水及所有调料。
5. 按下煲汤键，待开关跳起后，捞除姜片、葱白即可。

芥菜鸭汤

材料
芥菜150克、烧鸭的鸭骨架1副、姜片20克、水1000毫升

调料
盐1/2小匙、胡椒粉1/4小匙

做法
① 将鸭骨架剁小块，放入滚水中汆烫，备用。
② 芥菜洗净切段备用。
③ 取一汤锅倒入1000毫升水以大火煮开，放入姜片及鸭骨架、芥菜，改小火煮10分钟，加入所有调料拌匀即可。

清炖萝卜牛肉

材料
白萝卜400克、牛腱1个（约1000克）、姜30克、葱1根、葱花1小匙、水1000毫升

调料
盐1大匙、米酒3大匙

做法
① 牛腱放入滚水中汆烫，捞起冲洗掉浮沫再沥干，切大块备用。
② 白萝卜去皮，切滚刀块状；葱、姜洗净。
③ 取汤锅，加入1000毫升水煮滚，放入姜、葱、米酒、牛腱块和白萝卜块，转小火煮1.5小时，捞除葱、姜，最后加入盐拌匀，撒上葱花即可。

红烧牛肉汤

材料

牛肋条	300克
白萝卜	100克
胡萝卜	60克
葱	2根
姜	30克
蒜	3瓣
水	800毫升
八角	4颗
花椒	1/2小匙
桂皮	少许

调料

豆瓣酱	1小匙
盐	1/2小匙
糖	1/2小匙
酱油	1小匙
米酒	1大匙

做法

1. 胡萝卜、白萝卜洗净切块，放入滚水汆烫后捞出；八角、花椒、桂皮用棉布袋包起，备用。

2. 葱洗净，1根切葱花，另1根切段；姜去皮切末；蒜拍碎，备用。

3. 牛肋条切块，放入滚水汆烫后捞出冲凉备用。

4. 热锅加适量色拉油，放入葱段、姜末、蒜碎，用小火炒1分钟，加入牛肋条块、豆瓣酱炒2分钟，加入萝卜块、米酒略炒。

5. 将做法4的全部食材、水、盐、糖，以及中药包全部放入电饭锅，按下煲汤键，煮至开关跳起，加入酱油，捞掉浮油、中药包，撒上葱花即可。

西红柿牛肉汤

材料

西红柿2个、牛腱1个（约600克）、土豆2个、水2000毫升、姜片5片

调料

盐1/2小匙

做法

1. 将牛腱切块，放入滚水中氽烫，洗净备用。
2. 将土豆去皮洗净，西红柿洗净，都切成滚刀大块。
3. 将牛腱块和土豆块放入汤锅中，再加入水、姜片，以小火煮1.5小时，最后加入西红柿块和盐调味，再炖煮30分钟即可。

芥菜牛肉汤

材料

芥菜心200克、牛肋条300克、胡椒粒5克、姜丝10克、水1000毫升

调料

米酒50毫升、盐1/2小匙、糖1/2小匙

做法

1. 牛肋条切小块，入锅氽烫后洗净沥干；芥菜心切小块后，冲洗沥干备用。
2. 将水加入锅中，煮滚后放入牛肋条、芥菜心及胡椒粒、姜丝、米酒。
3. 盖上锅盖煮滚后，转小火炖煮约1小时，再加入盐和糖调味即可。

姜丝羊肉汤

材料
嫩姜丝50克、羊肉片300克、水500毫升

调料
香油80毫升、米酒100毫升、鸡精2小匙、糖1/2
小匙

做法
1. 起一炒锅，倒入香油与嫩姜丝，以小火爆
   香嫩姜丝。
2. 然后加入羊肉片，炒至羊肉片颜色变白
   后，再加入米酒、水以中火煮至沸腾，最
   后加入鸡精、糖拌匀调味即可。

花生香菇炖牛肉

材料
花生仁100克、香菇40克、牛腱600克、姜片
20克、水1000毫升

调料
绍兴酒50毫升、盐1小匙

做法
1. 牛腱切片；香菇泡水10分钟后剪去蒂头；
   花生仁泡水4小时后沥干，备用。
2. 煮一锅水，水滚后将牛腱块下锅汆烫约2分
   钟后取出，用冷水洗净沥干，备用。
3. 将烫过的牛腱块放入电饭锅内，加入香菇
   和花生仁、1000毫升水、绍兴酒及姜片，
   盖上锅盖，按下开关，待开关跳起，再闷
   20分钟，加入盐调味即可。

南瓜牛肉汤

材料
南瓜	350克
牛腩	200克
姜	5克
葱	2根
胡萝卜	10克
水	800毫升
八角	2粒
丁香	2粒

调料
盐	少许
白胡椒粉	少许
酱油	1小匙
香油	1小匙

做法
1. 将牛腩洗净，切成段备用。
2. 南瓜去皮去籽，切成大块状备用。
3. 将牛腩块，放入滚水中氽烫去血水备用。
4. 姜、胡萝卜洗净切片；葱洗净切段，备用。
5. 取汤锅，倒入水煮至滚沸，再放入牛腩块、姜、胡萝卜片、葱段、八角、丁香及所有的调料（香油除外）一起煮至再次滚沸。
6. 放入南瓜块，以中火煮约40分钟，最后淋入香油提味即可。

萝卜泥牛肉汤

材料
白萝卜200克、牛肉薄片100克、洋葱1/2个、色拉油适量

调料
寿喜酱汁200毫升、牛奶50毫升、七味粉少许

做法
1. 洋葱洗净沥干切细条状；白萝卜磨成泥状，稍挤干水分后，取50克备用。
2. 将牛奶加入寿喜酱汁混合拌匀备用。
3. 取一平底锅烧热，加入适量色拉油，放入洋葱条和牛肉薄片，炒至肉变色。
4. 续将调好的混合酱汁加入锅中，以小火略煮2分钟即可熄火。
5. 依序将洋葱条和牛肉片排放入碗内，再淋入做法4锅中的汤汁，最后放上白萝卜泥，撒上七味粉即可。

萝卜牛腩汤

材料
白萝卜50克、牛腩300克、胡萝卜50克、水2000毫升、蜜枣1颗、杏仁少许、陈皮3克

调料
盐少许、米酒2大匙

做法
1. 牛腩洗净切块后氽烫；白萝卜、胡萝卜洗净，切滚刀块备用。
2. 取一汤锅，在锅中加入水、牛腩、蜜枣、杏仁、陈皮，以大火煮沸后加锅盖转小火煮1小时。
3. 再加入白萝卜块、胡萝卜块、所有调料一起继续煮1小时即可。

清炖羊肉

材料

A 羊肉700克、白萝卜300克、姜片20克、水2500毫升

B 当归10克、枸杞子10克

调料

盐1小匙、鸡精1/2小匙、米酒200毫升

做法

1. 羊肉洗净切块，放入滚水中汆烫后，捞出冲水，沥干备用。

2. 材料B略冲水洗净，沥干备用。

3. 白萝卜洗净，去皮切块备用。

4. 取锅，放入羊肉块、所有药材、水、姜片和米酒，以大火煮至滚沸，改转小火煮约50分钟；接着加入白萝卜块煮约30分钟，再加入盐和鸡精拌匀即可。

香油山药羊肉汤

材料

山药块300克、羊肉块600克、姜片10克、枸杞子10克、水1200毫升

调料

盐1/2小匙、冰糖1小匙、香油3大匙

做法

1. 羊肉块洗净，放入滚水中汆烫去除血水，捞出备用。

2. 热锅后加入香油，放入姜片爆香，再放入羊肉块拌炒。

3. 于锅中加入水，以小火煮1小时后，加入山药块和枸杞子再煮15分钟。

4. 最后加入盐和冰糖拌煮均匀即可。

红烧羊肉汤

材料

A

羊肉	900克
姜片	30克
水	2500毫升

B

草果	1颗
丁香	3克
花椒	3克
桂皮	10克

调料

辣豆瓣酱	2大匙
米酒	150毫升
盐	1小匙
鸡精	1/2小匙
冰糖	1/4小匙

做法

1. 羊肉洗净切块备用。
2. 材料B拍碎，装入棉袋制成药材包。
3. 取锅，加入油烧热，放入姜片爆香后，加入辣豆瓣酱炒香，再放入羊肉块炒至变色，加入米酒略拌炒。
4. 接着加入水煮至滚沸，放入药材包，以小火煮约80分钟，再加入调料煮匀，盛入碗中即可。

牛蒡炖羊肉

材料

牛蒡100克、羊肉600克、胡萝卜80克、姜片10克、桂皮5克、月桂叶3克、甘蔗头50克、水1200毫升

调料

米酒50毫升、酱油50毫升、冰糖1小匙

做法

1. 将羊肉洗净切块，略为汆烫去血水；牛蒡、胡萝卜洗净去皮切块，备用。
2. 热锅，加入适量油，放入姜片和甘蔗头爆香，再加入羊肉块炒2分钟。
3. 放入月桂叶、桂皮和米酒炒匀，再放入酱油、冰糖和水，煮滚后转小火炖40分钟。
4. 最后放入牛蒡块和胡萝卜块，煮20分钟即可。

木瓜炖羊肉

材料

青木瓜200克、带皮羊肉800克、胡萝卜100克、姜丝20克、水1000毫升

调料

米酒50毫升、盐1小匙

做法

1. 羊肉剁小块；青木瓜去皮去籽，切小块；胡萝卜去皮切小块，备用。
2. 煮一锅水，冷水时先将羊肉块下锅，煮滚后再煮2分钟取出，用冷水洗净沥干，备用。
3. 将羊肉块放入电饭锅内，加入青木瓜块和胡萝卜块、水、米酒及姜丝，盖上锅盖，按下开关。
4. 待开关跳起，再闷20分钟，加入盐调味即可。

柿饼羊肉汤

材料
柿饼2个、带皮羊肉800克、姜丝20克、葱段30克、水800毫升

调料
绍兴酒50毫升、盐1小匙

做法
① 羊肉剁小块；柿饼摘掉蒂头切小块，备用。
② 煮一锅水，冷水时将羊肉块下锅，煮至滚沸后再煮2分钟取出，用冷水洗净沥干，备用。
③ 将羊肉放入电饭锅内，加入柿饼、水、绍兴酒、葱段及姜丝，盖上锅盖，按下开关。
④ 待开关跳起，再闷20分钟，加入盐调味即可。

牡蛎豆腐汤

材料
牡蛎200克、板豆腐1/2块、酸菜80克、姜丝15克、葱花1小匙、水500毫升

调料
盐1小匙、胡椒粉1小匙、米酒2小匙

做法
① 牡蛎洗净沥干；酸菜洗净，切丝；板豆腐切丁，备用。
② 取汤锅，加入500毫升水煮滚，放入酸菜丝、板豆腐丁和姜丝略煮。
③ 然后放入牡蛎和所有调料煮沸，最后撒上葱花即可。

冬瓜蛤蜊汤

材料
冬瓜350克、蛤蜊300克、猪小排300克、姜片6片、水2000毫升

调料
盐1小匙、柴鱼素少许、米酒1大匙

做法
1. 蛤蜊放入加盐（分量外）的清水中静置吐沙备用。
2. 猪小排洗净，放入沸水中汆烫去除血水；冬瓜去皮切小块备用。
3. 取一锅加入水煮至沸腾后，加入猪小排、冬瓜块及姜片以小火煮约40分钟。
4. 再加入蛤蜊煮至蛤蜊开口后，加入所有的调料煮匀即可。

姜丝蛤蜊汤

材料
姜丝30克、蛤蜊300克、葱丝适量、水800毫升

调料
盐1小匙、鸡精2小匙、米酒1小匙、香油1小匙

做法
1. 蛤蜊浸泡清水吐沙备用。
2. 取一锅放入水、米酒煮至沸腾，再放入姜丝、蛤蜊煮至壳打开。
3. 加入盐、鸡精拌匀后熄火，再加入葱丝、香油即可。

西红柿蛤蜊汤

材料
西红柿2个、蛤蜊200克、姜丝5克、罗勒适量、高汤400毫升、水200毫升

调料
盐少许、白胡椒粉少许

做法
1. 蛤蜊泡清水吐沙后洗净；西红柿洗净，切成8瓣，备用。
2. 将水放入锅中，放入蛤蜊煮至蛤蜊打开，取出蛤蜊，将汤汁过滤后加入高汤中。
3. 将高汤加入姜丝煮沸后，加入西红柿瓣，略煮3分钟。
4. 然后加入蛤蜊、其余调料拌匀，起锅前加入罗勒即可。

豆芽蛤蜊辣汤

材料
黄豆芽100克、蛤蜊6个、豆腐1块、韩式泡菜100克、水6杯

调料
韩式辣椒酱3大匙、韩式辣椒粉2大匙、盐少许

做法
1. 黄豆芽洗净；蛤蜊泡水吐沙洗净；豆腐洗净切小块，备用。
2. 取一内锅，放入黄豆芽、泡菜、豆腐块、韩式辣椒酱、韩式辣椒粉及水6杯。
3. 将内锅放入电饭锅中，盖上锅盖后按下开关，待开关跳起；再放入蛤蜊，盖上锅盖按下开关，待开关跳起后，加盐调味即可。

山药鱼块汤

材料
山药块350克、红条鱼（切段）600克、胡萝卜片40克、姜片30克、葱段60克、水2000毫升

调料
Ⓐ 盐1小匙、味精2小匙、米酒1大匙
Ⓑ 香油1大匙

做法
1. 红条鱼段放入沸水中余烫，捞出后洗净备用。
2. 将红条鱼与其余材料一同放入大碗中备用。
3. 把调料A和水煮至沸腾，倒入盛有红条鱼的大碗内，盖上保鲜膜后放入蒸笼中，以大火蒸约25分钟取出，打开保鲜膜，淋上香油即可。

注：红条鱼肉质扎实细致，与新鲜山药一起烹煮，营养价值更高。

鲈鱼雪菜汤

材料
鲈鱼1/2条、雪菜200克、姜丝10克、水1000毫升

调料
盐1/2小匙、米酒3人匙

做法
1. 将鲈鱼洗净，切成厚段，以厨房纸巾吸干水分备用。
2. 雪菜洗净切小段备用。
3. 热锅倒入3大匙色拉油，加入鲈鱼段以小火煎至两面略黄，加入姜丝、米酒及水，以大火煮至滚，盖上锅盖改中小火再煮10分钟，最后加入雪菜和盐煮约3分钟即可。

芥菜鲫鱼汤

📋 **材料**
姜片2片、芥菜100克、鲫鱼1条、葱1/2根、板豆腐1/2块、水1500毫升

🥣 **调料**
米酒1大匙、盐1小匙

🍲 **做法**
1. 葱洗净切段备用；芥菜洗净切片、板豆腐洗净切丁备用；鲫鱼清除内脏洗净后切块备用。
2. 取一炒锅，在锅中加入2大匙色拉油，以小火爆香葱段、姜片后，用纸巾擦干鱼身，放入锅中煎约1分钟，待表面呈现金黄色即可。
3. 继续加入米酒、水、芥菜及板豆腐丁，以大火煮沸后捞出浮沫，再转小火煮20分钟，起锅前加入盐调味即可。

萝卜鲫鱼汤

📋 **材料**
白萝卜丝200克、鲫鱼500克、葱段80克、姜片30克、水2000毫升

🥣 **调料**
盐1小匙、味精2小匙、胡椒粉1/4小匙、米酒60毫升、香油1大匙

🍲 **做法**
1. 将鲫鱼洗净后放入锅中，加入色拉油以中火煎约3分钟至上色备用。
2. 将鲫鱼、剩余材料与所有调料（香油除外）一同煮至沸腾，捞除表面浮沫，再改以中火煮至汤色变白，盛入碗中淋入香油即可。

老菜脯鱼汤

材料

陈年老菜脯30克、虱目鱼700克、蒜苗30克、姜片2片、水1300毫升

调料

鸡精1/4小匙、米酒1大匙、胡椒粉少许、香油少许

做法

① 虱目鱼洗净切大块；陈年老菜脯洗净沥干；蒜苗洗净切片，备用。

② 将水和陈年老菜脯倒入砂锅中，煮滚后转小火，盖上锅盖煮15分钟，再焖5分钟。

③ 放入虱目鱼块、姜片和米酒，盖上锅盖继续煮15分钟，最后放入调料和蒜苗片拌匀即可。

鲈鱼汤

材料

鲈鱼1条、鲜香菇2朵、姜丝10克、葱1根、水500毫升

调料

盐1.5小匙、米酒1大匙、胡椒粉1/2小匙

做法

① 鲜香菇洗净去蒂，表面刻花；葱洗净斜切段状，备用。

② 鲈鱼切段，洗净。

③ 取汤锅加入500毫升水煮滚，放入鲈鱼段、姜丝和米酒煮10分钟，再加入其余调料、鲜香菇和葱段煮滚即可。

虱目鱼肚汤

材料
虱目鱼肚1片（约250克）、姜丝适量、葱丝适量、水600毫升

调料
盐1/4小匙、鸡精少许、米酒1/2小匙

做法
1. 虱目鱼肚洗净备用。
2. 取锅，加入水煮滚后，放入虱目鱼肚煮熟，加入调料煮匀，盛入碗中。
3. 放上姜丝和葱丝即可（食用时可蘸黄豆酱或酱油加日式芥末酱）。

香菜虱目鱼汤

材料
A 虱目鱼头1个、鱼尾1个
B 香菜15克、酸菜丝20克、姜丝10克、葱丝少许
C 水1200毫升

调料
A 盐1小匙、糖1/2小匙、米酒2大匙
B 香油少许

做法
1. 鱼头剖开，将鱼头、鱼尾洗净，放入滚水中稍微汆烫后捞起备用。
2. 将调料A和水一起煮滚，再放入材料B所有材料煮匀。
3. 然后放入鱼头和鱼尾煮至熟，最后淋入香油即可。

草鱼头豆腐汤

材料

新鲜草鱼头	1个
板豆腐	2块
老姜	50克
葱	2根
水	2000毫升

调料

盐	1小匙

做法

① 草鱼头刮净鱼鳞、清除内脏，洗净后以厨房纸巾吸干水分备用。

② 板豆腐洗净切长方块；老姜去皮切片；葱洗净切段备用。

③ 热锅倒入4大匙油烧热，放入鱼头以中火将两面煎至酥黄，放入姜片及葱段改小火煎至姜、葱焦香后；加入2000毫升水及板豆腐以大火煮滚，转中小火加盖继续煮30分钟，最后以盐调味即可。

鱼头香菇汤

材料
鲈鱼头1个、香菇5朵、菠菜30克、姜丝20克、水350毫升

调料
米酒1小匙、胡椒粉少许、盐1/2小匙、鸡精1/4小匙

做法

① 菠菜洗净切段；香菇洗净，备用。

② 鲈鱼头剖半、洗净，备用。

③ 取一汤锅，加入水、姜丝、香菇煮滚，再放入鲈鱼头及所有调料，以小火煮约5分钟，起锅前加入菠菜煮滚即可。

栗子红豆鱼头汤

材料
栗子40克、红豆20克、虱目鱼头2个、红枣5颗、姜片2片、水2000毫升

调料
米酒1大匙、盐1小匙

做法

① 将栗子、红豆、红枣泡水备用；虱目鱼头洗净备用。

② 取一炒锅，在锅中加入2大匙色拉油，以小火爆香姜片后，虱目鱼头用纸巾擦干水分，放入锅中煎约1分钟，待表面呈现金黄色即可。

③ 继续加入水、米酒、栗子及红豆、红枣，以大火煮沸后捞出浮沫，再转小火煮40分钟，起锅前加入盐调味即可。

香油鲈鱼汤

材料

鲈鱼1条（约500克）、姜丝15克、枸杞子10克、水700毫升

调料

米酒2大匙、盐1/4小匙、香油2大匙

做法

1. 将鲈鱼处理好洗净，切大块。
2. 热锅加入香油，放入姜丝爆香，加入米酒和水煮滚。
3. 于锅中放入鲈鱼块、枸杞子，煮熟后加入盐拌匀即可。

味噌豆腐鲜鱼汤

材料

盒装豆腐1盒、鱼柳300克、葱花2大匙、水100毫升、海带柴鱼高汤800毫升

调料

米酒1大匙、味噌5大匙

做法

1. 鱼柳切小块状；盒装豆腐取出后切成丁，备用。
2. 味噌加水，混合调匀备用。
3. 取锅，加入海带柴鱼高汤及味噌汁煮滚，放入鱼柳块和豆腐丁煮至再次滚沸，接着加入米酒略煮，撒上葱花即可。

苦瓜鲜鱼汤

材料
苦瓜350克、红目鲢300克、小鱼干10克、豆豉8克、姜片20克、蛤蜊150克、水1500毫升、酱冬瓜50克

调料
米酒60毫升

做法
1. 红目鲢去皮、去头后放入沸水中，汆烫后捞出洗净备用；苦瓜去籽，切块备用。
2. 将处理好的红目鲢与苦瓜块放入锅内，加入小鱼干、豆豉、蛤蜊、姜片、水、酱冬瓜与所有调料，一同以大火煮至沸腾，捞除表面浮沫后，再以小火煮约10分钟即可。

青木瓜鱼汤

材料
青木瓜300克、鲈鱼（切段）500克、薏仁50克、姜片20克、水1500毫升

调料
盐1小匙、米酒60毫升、香油1大匙

做法
1. 将鲈鱼段放入沸水中汆烫，捞出后洗净备用；青木瓜去皮切块备用；薏仁泡水6～8小时后，沥干备用。
2. 将所有调料与姜片、水煮至沸腾，倒入电饭锅内，加入鲈鱼段、青木瓜块、薏仁，按下开关，炖至电饭锅开关跳起即可。

枸杞子鳗鱼汤

材料

枸杞子	8克
鳗鱼块	1000克
老姜片	100克
圆白菜	200克
红薯粉	适量
水	1800毫升

调料

香油	200毫升
米酒	500毫升
鸡精	1大匙
糖	2小匙

腌料

米酒	100毫升
水	100毫升
葱段	100克
姜片	100克

药材

当归	2片
川芎	6片
桂枝	少许

做法

1. 圆白菜洗净后去除粗梗，切成块状；所有药材以棉布袋包好备用。

2. 将所有腌料混合，并以手抓匀至葱汁、姜汁释出，再放入鳗鱼块一起混合拌匀，放入冰箱中冷藏约6小时充分腌渍，备用。

3. 取出腌渍好的鳗鱼块，双面均匀地沾裹上红薯粉后，放入170℃的油锅中，炸至表面呈金黄色且熟透后，捞出备用。

4. 起一炒锅，倒入香油与老姜片，以小火慢慢爆香至老姜片卷曲，再加入米酒、水、药包；以大火加热至沸腾后，盖上锅盖改以小火炖煮约30分钟后开盖。

5. 于锅中放入圆白菜、炸好的鳗鱼块、枸杞子、鸡精、糖，拌匀后再煮约10分钟即可。

芋香鱼头锅

材料
芋头块	280克
鲢鱼头	500克
红薯粉	适量
圆白菜	300克
冬粉	2把
蒜	100克
红葱头	80克
辣椒片	30克
香菜	适量
鱼骨高汤	3000毫升

调料
酱油	120毫升
糖	3大匙
盐	1小匙
陈醋	100毫升
米酒	120毫升

腌料
葱段	60克
姜片	40克
胡椒粉	1小匙
米酒	100毫升

做法

1. 将鲢鱼头洗净，加入所有腌料拌匀，腌约30分钟后取出，均匀沾裹红薯粉，并将多余红薯粉拍除，放入170℃的油锅内，以中火炸至表面呈金黄色后捞出沥干，备用。

2. 芋头块放入170℃的油锅内，炸至金黄色捞出备用；蒜放入150℃的油锅炸至红褐色捞出，备用。

3. 圆白菜放入沸水中氽烫至软化捞出，切细铺入砂锅中备用；冬粉泡水至软化捞出，放至圆白菜上。红葱头和辣椒片爆香，加入所有调料煮至沸腾，倒入砂锅中，再放入鲢鱼头、芋头和蒜，以小火煮约20分钟，熄火后撒上香菜即可。

蒜香鳗鱼汤

材料
蒜80克、鳗鱼1/2条（约400克）、姜片10克、水800毫升

调料
盐1/2小匙、鸡精1/4小匙、米酒1小匙

做法
1. 鳗鱼洗净切小段后置于内锅中，蒜、米酒与姜片、水一起放入内锅中，放入电饭锅内。
2. 盖上锅盖，按下煲汤键煮至开关跳起。
3. 加入盐、鸡精调味即可。

越式鱼汤

材料
尼罗红鱼1条、菠萝100克、西红柿1个、黄豆芽30克、香菜50克、罗勒5片、水800毫升

调料
盐1/4小匙、鱼露2大匙、糖1大匙、罗望子酱3大匙

做法
1. 尼罗红鱼洗净切块，放入滚水中氽烫，取出洗净备用。
2. 菠萝、西红柿洗净切块备用。
3. 取汤锅倒入水煮滚，加入以上所有材料加入煮3分钟，再加入所有调料和黄豆芽煮2分钟后熄火。
4. 食用时再撒入罗勒和香菜即可。

上海水煮鱼汤

材料
鲷鱼1片、小黄瓜1根、大白菜50克、姜10克、葱1根、红辣椒段适量、香菜3根、蒜5瓣、高汤600毫升、花椒1大匙

调料
白胡椒粉少许、辣椒油2大匙、米酒2大匙、盐少许

做法
1. 鲷鱼洗净切成大片状备用。
2. 小黄瓜、大白菜、姜都洗净切丝；葱洗净切段；香菜洗净切碎；蒜洗净切片。
3. 起一油锅，加入花椒，以小火先爆香，再加入调料，以中火煮开，续加入鲷鱼片、做法2的全部材料和红辣椒段、高汤。
4. 盖上锅盖，煮约10分钟即可。

西芹笋片汤

材料
西芹片60克、竹笋350克、胡萝卜片30克、姜片20克、水800毫升

调料
盐1大匙

做法
1. 竹笋去皮，洗净切片状。
2. 取一汤锅，放入竹笋片、西芹片、胡萝卜片、姜片、水和所有调料，煮约25分钟即可。

黄瓜汤

材料

黄瓜250克、胡萝卜50克、玉米笋100克、圆白菜80克、姜丝10克、小贡丸150克、水800毫升、葱花适量

调料

盐1小匙、白胡椒粉1/6小匙、香油1/2小匙

做法

① 黄瓜去皮、去籽后，和胡萝卜、玉米笋、圆白菜洗净，切块状备用。

② 取锅加水煮滚后，将黄瓜块、胡萝卜块、玉米笋块、圆白菜和姜丝放入，以中火煮滚后，改转小火煮约15分钟。

③ 加入小贡丸煮约5分钟后，加入盐、白胡椒粉和香油调味，再撒上葱花即可。

蔬菜汤

材料

南瓜100克、竹笋80克、芋头80克、泡发香菇60克、西蓝花60克、姜末5克、高汤200毫升、水200毫升

调料

盐1/4小匙、白胡椒粉1/8小匙、香油1小匙

做法

① 南瓜、竹笋、芋头及泡发香菇洗净切小丁；西蓝花切小朵状备用。

② 取锅加入高汤及水煮滚后，加入姜末和以上所有材料以小火煮滚约5分钟后，加入盐、白胡椒粉和香油调味即可。

西红柿什锦汤

材料
西红柿	400克
胡萝卜	150克
土豆	150克
圆白菜	150克
玉米	100克
洋葱	40克
蒜末	10克
芹菜末	20克
水	600毫升
黑胡椒粒	1/4小匙

调料
无盐奶油	1大匙
番茄酱	2大匙
盐	1/4小匙
糖	1小匙

做法

1. 胡萝卜、土豆去皮洗净切块；圆白菜洗净剥小片状；西红柿和玉米、洋葱洗净切小块状备用。

2. 热锅加入无盐奶油，以小火炒香西红柿块、洋葱块及蒜末。

3. 加入番茄酱略炒出香味，加水煮滚后，放入胡萝卜块、玉米块、土豆块和圆白菜叶以中火煮滚后，改转小火煮约20分钟后，加入盐、糖和黑胡椒粒调味，再撒上芹菜末即可。

什锦鲜菇汤

材料
蟹味菇50克、秀珍菇50克、金针菇50克、珊瑚菇5克、玉米笋3根、姜丝10克、水500毫升

调料
盐1.5小匙

做法
1. 所有菇类和玉米笋都洗净；玉米笋剖半备用。
2. 取汤锅加入500毫升水煮滚，放入玉米笋和盐煮5钟，再放入所有菇类、姜丝煮滚即可。

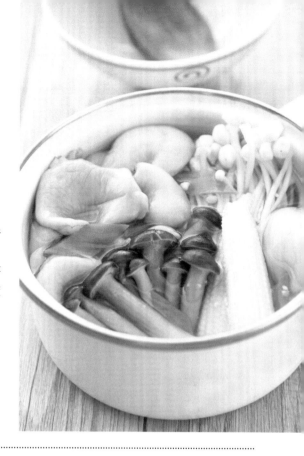

香油杏鲍菇汤

材料
杏鲍菇150克、老姜50克、枸杞子10粒、水400毫升

调料
香油100毫升、米酒3大匙、香菇素4克、盐少许

做法
1. 杏鲍菇以米酒水洗净，沥干水分后用手撕成大长条；老姜刷洗干净外皮，切片；枸杞子洗净后泡水约5分钟，沥干水分；备用。
2. 热锅倒入香油烧热，加入姜片，以小火慢炒至姜片卷曲并释放出香味，加入杏鲍菇长块拌炒均匀，沿锅边淋入米酒，续煮至酒味散发，再加入水以中火煮开，以盐和香菇素调整味道，起锅前加入枸杞子拌匀即可。

苋菜竹笋汤

材料
苋菜200克、竹笋丝适量、猪肉丝适量、高汤1500毫升

调料
盐适量、鸡精适量、胡椒粉适量

做法
① 苋菜洗净切小段；猪肉丝用少许盐腌约5分钟，备用。
② 高汤煮开，放入苋菜、竹笋丝，煮约10分钟至苋菜软化，再加入猪肉丝。
③ 煮至汤汁再度滚沸，加入其余调料拌匀即可。

南瓜味噌汤

材料
南瓜（带皮）300克、南瓜子仁20克、水600毫升、海带1小段

调料
红味噌25克、白味噌25克、味醂1大匙

做法
① 南瓜去籽切大块；南瓜子仁切碎，备用。
② 海带洗净加水以中小火煮开，捞出海带，加入南瓜块煮至稍微软烂，再加入红味噌、白味噌煮开，略煮一下后加入味醂调味，撒入碎南瓜子仁即可。

山药鲜菇汤

材料
山药	250克
鲜香菇	100克
蟹味菇	100克
西红柿	50克
魔芋	150克
姜丝	10克
葱丝	10克
高汤	800毫升

调料
盐	1小匙
白胡椒粉	1/6小匙
香油	1/2小匙

做法

1. 山药洗净去皮后和洗净的西红柿切滚刀块；鲜香菇洗净去蒂头后切花；蟹味菇洗净切去根部；魔芋洗净切条状备用。

2. 取锅加入高汤煮滚后，先将山药块、西红柿块及姜丝放入以中火煮滚后，改转小火煮约15分钟。

3. 接着加入魔芋条、鲜香菇及蟹味菇煮约3分钟后，加入盐、白胡椒粉和香油调味，最后撒上葱丝即可。

咖喱蔬菜汤

材料

胡萝卜	150克
玉米笋	100克
西蓝花	150克
西红柿	120克
秋葵	80克
洋葱片	40克
蒜末	20克
姜末	10克
水	600毫升
圆白菜	100克

调料

无盐奶油	1大匙
咖喱粉	1大匙
盐	1/2小匙
糖	1/2小匙

做法

① 胡萝卜洗净去皮，与西蓝花、圆白菜及西红柿洗净切小块；玉米笋和秋葵洗净切斜段备用。

② 热锅加入无盐奶油，以小火爆香洋葱片、姜末和蒜末。

③ 加入咖喱粉略炒出香味后，加水煮至滚沸，放入所有蔬菜料以中火煮滚后，改转小火煮约15分钟后，先关火再加入盐和糖调味即可。

PART 2

香浓羹汤浓汤

羹汤则是指经过勾芡，让汤汁呈现微微黏稠、滑润口感的汤品。浓汤是指加入面粉、奶油，或将具有淀粉成分的天然食材打成泥状加入汤中，使汤汁呈浓稠状态的汤品，常见为西式浓汤。

酸辣汤

📋 材料

A

泡发黑木耳	80克
盒装豆腐	1/2盒
大白菜	50克
胡萝卜	40克

B

鸡蛋	1个
葱花	5克
大骨高汤	600毫升

🧂 调料

盐	1/2小匙
白胡椒粉	1小匙
白醋	1大匙
陈醋	2小匙
水淀粉	3大匙
香油	1小匙

📖 做法

1. 将材料A所有材料洗净切成丝，放入滚水中余烫10秒，沥干备用。

2. 取一汤锅，加入大骨高汤及材料A所有处理过的食材后开中火，加入盐、白胡椒粉调味。

3. 煮开后转小火，淋入水淀粉勾芡。

4. 关火后淋入打散的鸡蛋拌匀。

5. 再加入香油、白醋及陈醋，最后再撒上葱花即可。

港式酸辣汤

材料

A

盒装豆腐	1/2盒
竹笋	50克
猪肉	40克
胡萝卜	30克
黑木耳	15克

B

虾仁	120克
鸡蛋	1个
葱花	5克
香菜	3克
大骨高汤	600毫升

调料

盐	1/2小匙
白胡椒粉	1小匙
白醋	1大匙
辣酱油	2小匙
水淀粉	3大匙
香油	1小匙

做法

① 将材料A的所有材料洗净切成丝，与虾仁一起放入滚水中汆烫10秒钟，捞起沥干备用。

② 取一汤锅，加入大骨高汤及做法1的所有材料，开中火煮至滚开，加入盐、白胡椒粉调味。

③ 煮开后转小火用水淀粉勾芡，关火淋入打散的鸡蛋拌匀。

④ 最后加入其余调料，再撒上葱花及香菜即可。

香菇肉羹汤

材料
干香菇	3朵
肉羹	300克
笋丝	40克
胡萝卜	30克
高汤	700毫升
香菜	少许
油葱酥	少许

调料
A
酱油	1/2大匙
盐	1/2小匙
鸡精	1/2小匙
冰糖	1小匙
陈醋	少许
胡椒粉	少许

B
水淀粉	适量

做法
1. 干香菇以冷水泡软后切丝；胡萝卜去皮洗净切丝，备用。
2. 热锅，加入少许油（材料外），放入香菇丝炒香，接着加入胡萝卜丝与笋丝拌炒至均匀，再加入高汤煮滚。
3. 在锅中加入所有调料A略煮，再以水淀粉勾芡，最后放入肉羹煮熟，食用时加入香菜和油葱酥增香即可。

三丝肉羹

材料
A 胡萝卜30克、白萝卜30克、黑木耳1朵、肉羹300克、蒜2瓣、红辣椒1/3个、米饭1/2碗
B 香菜少许、鸡高汤500毫升

调料
香油1小匙、辣豆瓣1小匙、盐少许、白胡椒少许、米酒1大匙

做法
1. 先将米饭与鸡高汤一起放入果汁机中搅打成泥状备用。
2. 把胡萝卜、白萝卜、黑木耳都洗净切成丝状；蒜切碎；红辣椒洗净切丝，备用。
3. 汤锅中加入肉羹与做法2所有材料，再加入米饭泥与调料，以中火慢煮至黏稠状，再摆上香菜即可。

大卤汤

材料
猪肉丝35克、豆腐70克、竹笋40克、黑木耳20克、大白菜80克、胡萝卜15克、鸡蛋1个、大骨高汤500毫升

调料
盐1/2小匙、鸡精1/2小匙、白胡椒粉1/2小匙、水淀粉1大匙、香油1小匙

做法
1. 鸡蛋打散成蛋液；其他蔬菜材料洗净切丝后放入沸水中氽烫20秒，冲冷沥干，备用。
2. 大骨高汤下锅煮沸后加入以上所有材料（蛋液除外）及盐、鸡精、白胡椒粉拌匀。
3. 以中小火煮至沸腾，用水淀粉勾薄芡后关火。
4. 淋上蛋液后略拌匀，再洒上香油即可。

西湖牛肉羹

材料
新鲜牛肉碎200克、马蹄5个、蟹味棒2根、青豆仁50克、香菜少许、高汤500毫升

调料
盐1小匙、淀粉少许、绍兴酒1大匙、水淀粉1大匙、香油1小匙

做法
1. 将牛肉碎加少许淀粉、盐拌匀，再放入滚水中汆烫，捞出备用。
2. 马蹄洗净去皮切碎；蟹味棒剥去红色部分切成小段。
3. 高汤煮滚后加入牛肉碎、马蹄碎、蟹味棒、青豆仁和绍兴酒，于水滚时加入水淀粉勾芡拌匀，最后加入香油及香菜即可。

沙茶鱿鱼羹

材料
鱿鱼片400克、胡萝卜片30克、竹笋片80克、姜末10克、蒜末15克、红辣椒片15克、高汤1000毫升

调料
A 盐1/2小匙、鸡精1/2小匙、糖1/2小匙、沙茶酱1大匙、陈醋少许
B 水淀粉适量

做法
1. 鱿鱼片洗净备用。
2. 取锅，加入2大匙油（材料外）烧热，放入姜末、蒜末和红辣椒片爆香后，放入胡萝卜片、竹笋片和鱿鱼片拌炒。
3. 接着倒入高汤煮至滚沸后，加入所有调料A煮匀，以水淀粉勾芡，盛入碗中即可。

翡翠海鲜羹

材料

菠菜	150克
鱼肉丁	50克
虾仁丁	50克
乌贼丁	30克
笋片	80克
胡萝卜片	少许
蛋清	5大匙
水	600毫升

调料

A

盐	1/2小匙
胡椒粉	1/4小匙
绍兴酒	1小匙

B

水淀粉	2大匙

做法

1. 菠菜洗净加适量水用果汁机打成汁并过滤，加入蛋清与1/2大匙淀粉（分量外）拌匀，倒入热油锅中搅拌炸成绿色颗粒，捞出沥油，放入滤网用热水稍冲洗，即为翡翠。

2. 虾仁丁、乌贼丁、鱼肉丁、笋片、胡萝卜片都放入滚水中氽烫，捞出沥干。

3. 锅中加入水煮滚，放入做法2的食材及所有调料A煮滚，倒入水淀粉勾芡，再放入翡翠珠拌匀即可。

翡翠豆腐羹

材料
菠菜8克、豆腐1块、蛋清2个、虾仁80克、鸡高汤600毫升

调料
盐1小匙、糖1/4小匙、香油1小匙、水淀粉1.5大匙

做法
1. 菠菜洗净用果汁机打成汁，过滤去渣；豆腐洗净切菱形块，备用。
2. 将菠菜汁加入蛋清逆时针方向打匀。
3. 热锅，倒入约1碗油（材料外），待油温热至约80℃，倒入菠菜蛋清汁，不停搅拌至呈颗粒状后捞出沥干，再以滤网过滤，即为翡翠。
4. 取锅，放入鸡高汤煮滚，加入盐、糖、香油、虾仁、豆腐块、翡翠，以小火煮滚，再淋入水淀粉勾芡即可。

芥菜豆腐羹

材料
芥菜心250克、豆腐150克、猪瘦肉50克、枸杞子5克、姜末5克、高汤400毫升

调料
盐1/4小匙、白胡椒粉1/8小匙、水淀粉1.5大匙、香油1小匙

做法
1. 芥菜心洗净与豆腐切小丁；猪瘦肉洗净切小丁，与芥菜心一起放入滚水中略汆烫后，捞起冲凉沥干备用。
2. 取锅，加入高汤煮滚后，加入姜末、枸杞子及芥菜心、猪瘦肉、豆腐丁，以小火煮滚约5分钟后，加入盐和白胡椒粉调味后，再加入水淀粉勾薄芡，淋入香油即可。

海鲜豆腐羹

材料
虾仁30克、豆腐1块、熟绿竹笋80克、胡萝卜30克、鲷鱼片80克、蟹肉20克、芥蓝菜梗少许、鸡高汤600毫升

调料
盐1小匙、糖1/4小匙、香油1小匙、水淀粉1.5大匙

做法
1. 熟绿竹笋剥去外皮，洗净切菱形块；胡萝卜去皮洗净切菱形片，豆腐洗净切菱形；芥蓝菜梗切小片，备用。
2. 虾仁、蟹肉、鲷鱼片洗净切小块，入锅氽烫后捞起沥干。
3. 取锅，倒入鸡高汤煮滚，加入除水淀粉外的所有调料及以上所有材料，以小火煮滚，再淋入水淀粉勾芡，撒上葱花（材料外）即可。

发菜豆腐羹

材料
发菜20克、豆腐1块、黄豆芽100克、香菇蒂8根、水600毫升

调料
盐1/2小匙、淀粉1.5大匙

做法
1. 发菜泡水至涨发，淘洗干净后沥干水分备用。
2. 豆腐洗净切细丝备用；黄豆芽洗净，去除根部；香菇蒂洗净备用；淀粉加2大匙水调匀备用。
3. 热锅加入1小匙油（材料外）烧热，加入黄豆芽爆炒至略软，加入600毫升水及香菇蒂小火续煮半小时，过滤出汤汁继续烧滚，加入盐与发菜拌匀，待再次滚开后徐徐倒入水淀粉，待汤汁浓稠后再加入豆腐丝煮匀即可。

苋菜银鱼羹

材料
苋菜250克、银鱼40克、蒜末15克、高汤400毫升

调料
盐1/4小匙、白胡椒粉1/8小匙、水淀粉1.5大匙、香油1小匙

做法
1. 苋菜洗净后切小段备用。
2. 热锅加入2大匙油（材料外），放入银鱼和蒜末炒香后，加入苋菜炒软。
3. 续将高汤倒入锅中煮滚后，以小火煮滚约3分钟，加入盐和白胡椒粉调味后，再加入水淀粉勾薄芡，淋上香油，撒上煎香的蒜片（材料外）即可。

韩国鱿鱼羹

材料
鱿鱼600克、高汤1200毫升、罗勒适量、蒜末5克

调料
A 盐1小匙、冰糖1/2大匙、鸡精1小匙、陈醋1小匙
B 沙茶酱1/2大匙、香油少许
C 水淀粉适量

做法
1. 将鱿鱼洗净后切片，放入滚水中汆烫至熟，捞出备用。
2. 热一锅，加入1大匙油爆香蒜末，接着加入高汤煮滚，然后放入所有调料A煮匀，再以水淀粉勾芡。
3. 取鱿鱼和罗勒放入碗中，再加入做法2的羹汤，最后以调料B增香即可。

白菜蟹肉羹

材料
包心白菜300克、蟹脚肉200克、金针菇30克、胡萝卜15克、蒜末10克、姜末10克、热水350毫升

调料
Ⓐ 盐1/2小匙、鸡精1/2小匙、糖1小匙、陈醋1/2大匙、胡椒粉少许、香油少许
Ⓑ 水淀粉适量

做法
1. 将蟹脚肉以滚水汆烫后捞起沥干，备用。
2. 包心白菜洗净切块；金针菇洗净去蒂；胡萝卜洗净切丝备用。
3. 取锅烧热后倒入2大匙油（材料外），将蒜末、姜末爆香，再放入包心白菜块、金针菇与胡萝卜丝炒软。
4. 续加入热水，再加入蟹脚肉与所有调料A，煮至汤汁滚沸后，以水淀粉勾芡即可。

珍珠黄鱼羹

材料
黄鱼1尾、甜玉米粒100克、鸡蛋液2大匙、水700毫升

调料
盐1/2小匙、绍兴酒1大匙、胡椒粉1/2小匙、淀粉2.5大匙

做法
1. 将黄鱼清理干净，去骨后取肉，切小丁备用。
2. 淀粉加2.5大匙水调匀备用。
3. 热锅淋上绍兴酒，再加入水、盐、胡椒粉以大火煮至滚，加入鱼肉轻轻拌匀并捞出浮沫，再放入甜玉米粒拌匀，改小火将水淀粉徐徐倒入，不断搅拌使其均匀浓稠，熄火慢慢均匀倒入鸡蛋液，5秒钟后再搅散成蛋花即可。

青菜竹笋羹

材料
青菜150克、竹笋100克、胡萝卜50克、虾米20克、姜末5克、高汤400毫升

调料
盐1/4小匙、白胡椒粉1/8小匙、水淀粉1.5大匙、香油1小匙

做法
1. 青菜洗净后切粗丝；竹笋和胡萝卜洗净切细丝；虾米泡水10分钟后洗净捞起沥干备用。
2. 热锅加入1大匙油（材料外），放入虾米和姜末炒香后，加入青菜丝、竹笋丝、胡萝卜丝翻炒，将高汤倒入煮滚后，以小火煮滚约2分钟，加入盐和白胡椒粉调味后，再加入水淀粉勾薄芡，淋入香油即可。

干贝冬瓜羹

材料
干贝30克、冬瓜200克、枸杞子5克、姜丝5克、高汤400毫升

调料
盐1/4小匙、白胡椒粉1/8小匙、水淀粉1.5大匙、香油1小匙

做法
1. 冬瓜去皮洗净切丝备用。
2. 干贝洗净放入碗中加100毫升的水（材料外），放入锅中蒸至熟，蒸好后的汤汁留下，干贝剥丝备用。
3. 取锅，倒入高汤和干贝汤汁煮滚后，加入姜丝、枸杞子及冬瓜丝，以小火煮滚约5分钟，加入盐和白胡椒粉调味后，再加入水淀粉勾薄芡，淋入香油即可。

银耳金针羹

材料
泡发银耳100克、金针菇100克、泡发黑木耳80克、猪肉丝50克、姜丝5克、高汤600毫升

调料
盐1/4小匙、白胡椒粉1/8小匙、水淀粉1.5大匙、香油1小匙

做法

1. 泡发银耳及泡发黑木耳洗净切丝；金针菇洗净切去根部；猪肉丝放入滚水中略汆烫后捞起沥干备用。

2. 取锅，倒入高汤、银耳丝和黑木耳丝煮滚后，盖上锅盖以小火焖煮约15分钟让黑木耳软烂，续加入金针菇、猪肉丝和姜丝，以小火煮滚约3分钟，加入盐和白胡椒粉调味后，以水淀粉勾薄芡，淋入香油即可。

什锦蔬菜羹

材料
竹笋80克、泡发黑木耳50克、胡萝卜50克、圆白菜100克、豆腐100克、香菜5克、高汤600毫升

调料
盐1/4小匙、白胡椒粉1/6小匙、水淀粉2大匙、香油1小匙

做法

1. 竹笋、泡发黑木耳、胡萝卜、圆白菜和豆腐洗净切丝备用。

2. 取锅，加入高汤和做法1的所有材料后，以中火煮滚，再改转小火煮约3分钟，加入盐和白胡椒粉调味，再加入水淀粉勾薄芡，撒上香菜，淋上香油即可。

西湖翡翠羹

材料
菠菜	200克
火腿	1片
蒜	2瓣
豆腐	1/2盒
银鱼	15克
蛋清	1个
鸡高汤	700毫升

调料
A
白胡椒粉	少许
香菇精	1小匙
香油	1小匙
陈醋	1小匙
盐	少许

B
水淀粉	1大匙

做法

1. 菠菜洗净切小块，放入果汁机打成泥，再过筛并加入蛋清搅拌均匀。过筛至油温约180℃的油锅中，炸成颗粒状。捞出泡入冰水中冰镇，即成翡翠备用。

2. 火腿、蒜都洗净切碎；豆腐切小丁；银鱼洗净备用。

3. 取一个汤锅，加入做法2的所有材料和所有调料A以及鸡高汤，以中火煮约10分钟，继续加入翡翠，煮约5分钟，起锅前再加入水淀粉，搅拌均匀即可。

浓汤好喝秘诀

Top1 天然淀粉最健康

煮西式浓汤不一定要用面粉来调配，以根茎类的蔬果作为浓汤的基底，其淀粉能够营造天然浓郁的口感，对身体相当好。

Top2 炒过更清甜

切小块的蔬果先经由快炒炒出香气，再焖煮使之软化，能为浓汤增添果香味，更能使甜味融入到浓汤中，味道也比没炒过的更加浓郁好喝。

Top3 冷却再放入果汁机

将煮好的蔬果块放置待冷却，再分批放入果汁机中搅打，才能均匀打碎。果汁机不耐热（依品牌各有不同），食材过热会造成搅打时不安全，因此建议冷却后才放入。

洋葱干酪浓汤

材料
洋葱丝100克、蒜片10克、蒜苗丝20克、干酪丝1大匙、高汤500毫升、干酪粉1大匙、法国面包1片

调料
红酒50毫升、盐1小匙

做法
❶ 洋葱丝、蒜片、蒜苗丝以小火慢炒至金黄色后加入干酪粉拌匀。

❷ 加入红酒、干酪丝、高汤以小火熬煮约30钟，加入盐拌匀后装碗。

❸ 法国面包放上少许干酪丝（分量外），放入预热至180℃的烤箱中烤约5分钟至金黄色，取出放入浓汤中即可。

洋葱汤

材料
洋葱500克、蒜末10克、水800毫升、法式面包适量、香菜末少许

调料
白酒15毫升、奶油40克、鸡精6克、盐少许、胡椒粉少许

做法
1. 洋葱洗净，去皮切丝备用。
2. 热锅放入奶油以中小火烧至融化，加入蒜末炒出香味，再加入洋葱丝慢慢翻炒至洋葱成为浅褐色。
3. 在锅中沿锅边淋入白酒，翻炒几下后加入水及所有调料拌匀继续煮约15分钟，熄火盛出。
4. 法式面包切小丁，放入烤箱中温烤至略呈黄褐色，取出撒在汤中，最后撒上少许香菜末即可。

鸡蓉玉米浓汤

材料
鸡胸肉35克、玉米酱（罐头）1罐、鸡蛋1个、香菜适量、大骨高汤200毫升

调料
盐1/4小匙、糖1小匙、白胡椒粉1/4小匙、水淀粉1大匙、牛奶50毫升、香油1小匙

做法
1. 鸡胸肉洗净剁碎；鸡蛋打散成蛋液，备用。
2. 大骨高汤入锅后倒入玉米酱，煮至沸腾后转小火，加入盐、糖及白胡椒粉拌匀。
3. 然后加入鸡肉末搅散，煮至鸡肉末全熟，再用水淀粉勾薄芡。
4. 加入牛奶拌匀后关火，淋入蛋液后略拌匀，再洒上香油及香菜即可。

芋香奶油浓汤

材料
芋头　　　　200克
红葱头末　　30克
蒜片　　　　30克
西芹　　　　30克
高汤　　　　400毫升

调料
无盐奶油　2大匙
盐　　　　1/4小匙
牛奶　　　100毫升
鲜奶油　　3大匙

做法
① 芋头去皮洗净切片；西芹洗净切碎备用。

② 热锅加入无盐奶油，放入红葱头末、蒜片、西芹碎炒香，加入芋头片和高汤煮滚后，改以小火煮约8分钟至芋头片熟后，倒入搅拌机中打成泥。

③ 将打好的芋泥及牛奶、鲜奶油倒入汤锅中以小火煮滚后，加入盐调味即可装盘。

④ 将蒜片（材料外）放入油锅中煎至金黄色后，放至浓汤上即可。

玉米浓汤

材料
玉米酱1罐、火腿片2片、洋葱1/2个、面粉1.5大匙、水500毫升

调料
盐1.5小匙、黑胡椒粉少许、奶油1大匙、鲜奶油2大匙

做法
1. 洋葱洗净切丁；火腿片切碎，备用。
2. 起锅，加入奶油以小火烧至融化，放入洋葱丁炒软，再加入面粉炒至颜色转黄。
3. 锅中徐徐加入水拌煮均匀，再加入碎火腿煮滚。
4. 然后加入玉米酱和盐拌匀煮滚即可；食用时可淋上少许鲜奶油，并撒上黑胡椒粉。

高纤青豆浓汤

材料
青豆仁50克、洋葱块5克、西芹块10克、土豆块20克、什锦坚果仁10克、鸡高汤500毫升

调料
盐1/4小匙

做法
1. 取1/2的青豆仁加鸡高汤100毫升，放入果汁机打成浓稠状备用。
2. 热锅，加入油（材料外），放入洋葱块、西芹块炒香，然后加入剩余1/2的青豆仁及鸡高汤、什锦坚果仁、土豆块。
3. 小火熬煮至土豆块软化，关火待冷却后，放入果汁机中打成泥，再倒回锅中加入青豆仁汤煮沸，以盐调味即可（可加少许坚果仁装饰）。

酥皮浓汤

材料
酥皮	1片
橄榄油	1大匙
洋葱丁	10克
面粉	2大匙
玉米酱	60克
火腿丁	10克
黑芝麻	少许
蛋黄液	少许
水	200毫升

调料
盐	1/4小匙
糖	少许
黑胡椒粉	少许
无盐奶油	1大匙

做法
❶ 炒锅加入无盐奶油与橄榄油以小火爆香洋葱丁,撒入面粉以小火炒成金黄色,慢慢加水搅拌均匀。

❷ 继续放入玉米酱、火腿丁,以中火煮开,熬煮10分钟呈浓稠状时,加入其余的调料,再倒入酥皮浓汤的专用碗中。

❸ 取一片酥皮,在其表面涂上蛋黄液,撒上黑芝麻,最后放入预热200℃的烤箱中,以200℃的温度烤8分钟,见酥皮呈现蓬松金黄色状,将其铺在碗上即可。

蘑菇浓汤

材料
蘑菇	200克
洋葱	200克
蒜末	30克
高汤	400毫升
低筋面粉	2大匙
黑胡椒粒	少许

调料
无盐奶油	2大匙
牛奶	100毫升
盐	1/4小匙
鲜奶油	适量

做法
① 蘑菇洗净切片；洋葱洗净切丁备用。

② 热锅加入1大匙无盐奶油，放入洋葱丁、蒜末和蘑菇片以小火炒至蘑菇软后取出。

③ 预留下2大匙炒好的蘑菇片，另将剩余的蘑菇片与高汤放入搅拌机中打成泥。

④ 另热锅，加入1大匙无盐奶油，放入低筋面粉以小火炒至有香味溢出后，慢慢加入牛奶，一边加一边快速拌匀以避免结块。

⑤ 牛奶倒完后，将打好的蘑菇泥一同倒入煮滚，加入盐和黑胡椒粒调味后，再加入预留的蘑菇片和适量鲜奶油拌匀即可。

蒜味土豆浓汤

材料

蒜苗段20克、蒜5瓣、土豆块100克、西芹块20克、洋葱块20克、橄榄油1大匙、鸡高汤400毫升

调料

鸡精1/4小匙、动物性鲜奶油10毫升

做法

1. 锅内放入橄榄油，炒香蒜苗段、蒜、洋葱块、西芹块。
2. 再加入土豆块、鸡高汤，以小火熬煮约20分钟后关火放置冷却。
3. 再以果汁机打匀倒回锅中，加入鸡精、动物性鲜奶油调味，放上少许蒜苗丝、焦蒜片（材料外）装饰即可。

南瓜苹果浓汤

材料

南瓜块（去籽）100克、苹果块20克、胡萝卜块20克、西芹块10克、红薯块20克、水500毫升

调料

盐1/4小匙、牛奶20毫升

做法

1. 锅内倒入油(材料外)，放入西芹块、苹果块、胡萝卜块炒香。
2. 加入红薯块、南瓜块、水、牛奶以小火熬煮约10分钟。
3. 待放置冷却后，以果汁机打匀，加入盐调味即可（可切少许蔬果小丁装饰）。

菠菜松子浓汤

材料
菠菜	200克
松子仁	适量
西芹块	20克
土豆块	100克
面包丁	适量
橄榄油	适量
素高汤	500毫升

调料
盐	1/4小匙

做法

① 菠菜叶段烫熟泡冰水，捞起沥干后加入100毫升的素高汤，以果汁机打匀备用。

② 锅内放入橄榄油炒香菠菜梗、西芹块，续加入土豆块、400毫升的素高汤，以小火熬煮约20分钟后放置冷却。

③ 然后将其倒入果汁机打匀，加入盐调味，取出倒入锅中，菠菜汁也一并倒入，以大火煮沸，装碗时放上松子仁、面包丁装饰即可。

PART 3

10分钟快煮汤

想要让好汤快速上桌，其实很简单，选择能在汤汁煮滚后快速熟透的食材，就可以变化出多种10分钟快煮汤。叶菜类、菇类、豆腐、蛋类、猪肉片、鱼片、虾、牡蛎等，都属于适合快煮的好材料，繁忙的你快来试试吧！

黄瓜肉片汤

材料
黄瓜1条、猪肉片100克、姜片40克、水1200毫升

调料
盐1大匙

做法
1. 黄瓜洗净去皮，切成块状。
2. 取一汤锅，放入水、黄瓜块、姜片和盐，煮至瓜肉熟软，起锅前加入猪肉片煮熟即可。

榨菜肉丝汤

材料
榨菜丝60克、猪肉丝80克、姜丝10克、青菜1棵、水800毫升

调料
A 盐1/4小匙、胡椒粉1/4小匙、香油1/2小匙、绍兴酒1小匙
B 淀粉1小匙

做法
1. 猪肉丝洗净，沥干水分后加入淀粉抓匀备用。
2. 榨菜丝以清水略冲洗降低咸味；青菜洗净切丝备用。
3. 取一汤锅倒入800毫升水以大火烧开，加入姜丝及榨菜丝煮约3分钟，转小火放入猪肉丝，用筷子搅散猪肉丝，最后加入所有调料A与青菜丝再煮1分钟即可。

香油蘑菇肉片汤

材料
蘑菇200克、猪肉片150克、姜丝20克、热水600毫升、枸杞子适量

调料
香油少许、米酒3大匙、盐1/2小匙

做法
1. 蘑菇洗净切片后备用。
2. 热锅倒入少许香油，再放入姜丝爆香。
3. 加入猪肉片、蘑菇片炒至变色，再倒入热水及枸杞子煮熟。
4. 最后加入盐、米酒调味即可。

三丝汤

材料
猪肉丝60克、黑木耳丝50克、胡萝卜丝10克、姜丝10克、葱花少许、水 500毫升

调料
A 盐少许、糖少许、胡椒粉少许
B 香油少许

腌料
淀粉少许、米酒少许

做法
1. 将猪肉丝加入腌料腌5分钟。
2. 取锅加水烧热，水滚后加入腌好的猪肉丝、黑木耳丝、胡萝卜丝与姜丝，煮至肉色变白，放入调料A，最后撒入葱花、淋上香油即可。

黄瓜肉片汤

材料
黄瓜120克、猪瘦肉50克、胡萝卜片少许、虾米
1小匙、水800毫升

调料
盐1/2小匙、淀粉1/2小匙

做法
① 将黄瓜洗净，去皮后切成三角形片，厚度
约0.5厘米备用。

② 猪瘦肉洗净沥干水分，切片放入碗中，加
入淀粉抓匀，放入适量滚水将猪肉片汆烫
至变色后捞出，沥干水分备用。

③ 取一汤锅加入水以中大火烧开，放入虾米
改中小火再煮3分钟，捞出虾米（也可不捞
出），再放入黄瓜片和胡萝卜片以小火煮
3分钟，最后放入盐及猪肉片煮至再次滚开
即可。

金针菜赤肉汤

材料
金针菜10克、猪肉片100克、姜丝10克、红枣少
许、水600毫升

调料
盐1/2小匙、淀粉1/2小匙

做法
① 金针菜泡水软化后洗净打结；红枣洗净
备用。

② 猪肉片洗净，沥干水分后加入淀粉抓匀，放
入滚水中汆烫至变色，捞出沥干水分备用。

③ 取一汤锅加入水，放入姜丝以中小火煮沸后
再继续煮2分钟，加入金针菜、红枣及猪肉
片转小火继续煮3分钟，最后加入盐煮至再
次滚开即可。

白萝卜肉片汤

材料
白萝卜片250克、猪肉片100克、姜片30克、水1200毫升

调料
盐1小匙、糖1/2小匙、米酒1大匙

做法
1. 白萝卜片洗净备用。
2. 将白萝卜片、猪肉片、姜片、水和所有调料放入锅中，待水煮开后，转小火煮4～5分钟即可。

肉末鲜菇汤

材料
猪肉末50克、秀珍菇50克、葱花1小匙、水600毫升

调料
盐1/2小匙

做法
1. 秀珍菇洗净，沥干水分备用。
2. 水倒入汤锅中煮至滚沸，加入猪肉末、秀珍菇以及盐煮至再次滚沸。
3. 然后再煮5分钟，撒入葱花即可。

菠菜猪肝汤

材料
菠菜150克、猪肝200克、姜丝15克、水500毫升

调料
Ⓐ 盐1/2小匙、米酒1小匙、白胡椒粉1/4小匙
Ⓑ 淀粉2小匙

做法
① 猪肝切成1厘米厚的片状，冲水5分钟沥干，加入淀粉抓匀，备用。
② 菠菜洗净摘小段备用。
③ 取汤锅倒入水，煮滚后放入姜丝和所有调料，再放入猪肝片。
④ 煮滚后加入菠菜段，待再度滚沸后熄火即可。

西红柿猪肝汤

材料
西红柿1个、猪肝100克、姜丝20克、水600毫升

调料
Ⓐ 盐1/2小匙、白胡椒粉1/4小匙
Ⓑ 淀粉1小匙

做法
① 西红柿洗净切块备用。
② 猪肝切片冲水约3分钟，沥干水分加入淀粉和少许盐（分量外）抓匀，备用。
③ 水倒入汤锅中煮至滚沸，加入猪肝片以小火煮约1分钟。
④ 于锅中加入西红柿块、姜丝和所有调料煮至再次滚沸即可。

秋葵鸡丁汤

材料
秋葵8根、鸡胸肉120克、葱白丝20克、水400毫升

调料
盐少许

做法
1. 秋葵洗净去蒂，切薄片，备用。
2. 鸡胸肉洗净，放入沸水中略汆烫，取出切小丁。
3. 将水放入锅中，煮滚后放入鸡胸肉丁和葱白丝，待鸡肉熟后再放入秋葵片和盐拌匀即可。

鲜蛤汤

材料
蛤蜊600克、姜20克、水4杯、葱花少许

调料
盐少许、米酒2大匙

做法
1. 姜洗净切丝；蛤蜊泡水吐砂洗净，备用。
2. 取汤锅加入4杯水煮滚，放入姜丝、蛤蜊、米酒。
3. 煮至蛤蜊开壳，加盐调味再撒上葱花即可。

豆腐牡蛎汤

材料
豆腐3块、牡蛎300克、姜丝10克、葱末10克、罗勒叶20克、水500毫升

调料
盐少许、米酒1大匙、香油少许

做法
1. 豆腐洗净切丁；牡蛎洗净去除细壳，备用。
2. 锅中加水煮沸后，加入豆腐、姜丝、葱末与所有调料煮沸。
3. 再加入牡蛎与罗勒叶再度煮沸即可。

酸菜牡蛎汤

材料
酸菜心100克、牡蛎300克、姜丝20克、水600毫升

调料
盐1/4小匙、米酒1大匙、胡椒粉1/2小匙、香油1/2小匙

做法
1. 牡蛎加入1小匙的盐（分量外），轻轻拌匀后冲水洗净。
2. 酸菜心切丝后，洗净备用。
3. 取汤锅，加水煮滚后，放入酸菜丝和姜丝再次煮滚，然后放入牡蛎和盐煮滚，最后再加入米酒、香油和胡椒粉即可。

味噌豆腐鱼汤

材料
豆腐丁1/2盒、鲑鱼块400克、海带芽适量、柴鱼片15克、葱花适量、水2000毫升

调料
味噌180克、味醂15毫升

做法
1. 取500毫升水与味噌拌匀备用。
2. 海带芽洗净；鲑鱼块放入沸水中汆烫，捞出后洗净备用。
3. 取一锅，将剩余的水煮沸后熄火，放入柴鱼片待沉淀后捞除，重新开火，加入鲑鱼块，再加入味噌水拌匀，续放入豆腐丁，待沸腾捞除浮沫后关火，加入海带芽、葱花、味醂拌匀即可。

香菜皮蛋鱼片汤

材料
香菜50克、皮蛋2个、草鱼段150克、姜片10克、水800毫升

调料
盐1/2小匙

腌料
盐1/4小匙、淀粉1小匙、胡椒粉少许

做法
1. 将草鱼段洗净，去骨取肉切片，放入碗中加入腌料拌匀备用。
2. 皮蛋去壳切成6等份；香菜洗净，去除根部切成3厘米长的段。
3. 取一汤锅倒入水以大火烧开，加入鱼肉片、姜片。
4. 煮至滚开后加入所有调料及皮蛋、香菜拌匀即可。

海带芽味噌汤

材料
盐渍海带芽35克、盒装豆腐150克、葱花5克、水500毫升

调料
酱油1小匙、味噌30克、香油1/4小匙

做法
1. 盐渍海带芽泡水5分钟，洗去盐分后挤干切碎备用。
2. 盒装豆腐切丁；味噌加入50毫升水拌开成泥状。
3. 将450毫升水煮开，加入豆腐丁及海带芽，倒入酱油及味噌泥拌匀。
4. 待煮开后关火，加入香油及葱花即可。

爽口圆白菜汤

材料
圆白菜150克、白萝卜300克、胡萝卜丝适量、鲜香菇2朵、大米20克、水1000毫升

调料
柴鱼素10克、味醂10毫升

做法
1. 圆白菜剥下叶片洗净，切成粗丝；鲜香菇洗净切片备用。
2. 白萝卜洗净，去皮后切成约4厘米长的细条；大米放入棉布袋中封口绑好备用。
3. 将水、白萝卜条、棉布袋、胡萝卜丝和鲜香菇片放入汤锅中，大火煮开后改中小火煮至白萝卜呈透明状，再加入圆白菜煮1分钟至变色，以柴鱼素、味醂调味后关火，捞除棉布袋即可。

蔬菜味噌汤

材料
干海带芽3克、盒装豆腐150克、洋葱丝40克、水450毫升、白芝麻少许、葱花5克

调料
酱油1小匙、香油1/4小匙、味噌30克

做法
1. 干海带芽先泡水5分钟后，洗去盐水再挤干备用。
2. 盒装豆腐切小丁；味噌加入50毫升的水（材料外）拌匀备用。
3. 取锅加水煮滚后，加入洋葱丝、豆腐丁和海带芽稍拌煮，倒入酱油和拌匀的味噌转小火煮滚后，先关火再加入香油、白芝麻和葱花即可。

西红柿芹菜汤

材料
西红柿250克、芹菜80克、素腰花80克、水750毫升

调料
盐1/2小匙、糖1/2小匙、香油1小匙

做法
1. 西红柿洗净切块；芹菜去叶洗净切段；素腰花洗净切小块汆烫，备用。
2. 热锅加入水煮至滚沸，再放入西红柿块煮滚。
3. 最后放入芹菜段、素腰花块、所有调料煮熟入味即可。

菠菜雪梨汤

📋 材料

菠菜	200克
雪梨	100克
西红柿	150克
水	700毫升

🍶 调料

盐	1/2小匙
糖	1/4小匙
油	少许
姜汁	少许

🍲 做法

1. 菠菜洗净切段；雪梨去皮洗净切条；西红柿洗净氽烫去皮、去籽、切条，备用。
2. 取锅，加入水煮至滚沸，放入菠菜、西红柿煮至滚。
3. 最后放入雪梨、所有调料煮匀即可。

蔬菜豆腐汤

材料
西红柿60克、香菇2朵、西芹20克、胡萝卜30克、豆腐1块、姜片30克、蔬菜高汤1200毫升

调料
盐1大匙

做法
1. 豆腐切块状；香菇泡水至软，洗净切片。
2. 西红柿、西芹、胡萝卜都洗净切薄片状。
3. 取一汤锅，放入以上所有材料、姜片和调料，煮约10分钟即可。

空心菜丁香鱼汤

材料
空心菜300克、丁香鱼30克、姜丝15克、高汤600毫升

调料
盐少许、香油1/4小匙

做法
1. 空心菜去除尾部部分老梗后，洗净沥干水分并切段状备用。
2. 丁香鱼以清水稍稍冲洗沥干备用。
3. 取汤锅，加入高汤和丁香鱼先以大火煮至滚沸后，放入空心菜段煮约1分钟，再加入姜丝和全部的调料拌匀即可。

味噌汤

材料

豆腐	3块
葱花	适量
柴鱼片	适量
水	1000毫升

调料

糖	1小匙
味噌	70克

做法

① 豆腐略冲水，切小块备用。

② 味噌加入少许水调匀备用。

③ 取锅，加入水煮至滚沸，放入豆腐块略煮后，加入味噌以小火煮至入味。

④ 然后加入糖拌匀，盛入碗中，再撒上葱花和柴鱼片即可。

PART4

养生滋补炖汤

药膳和天然食材一起炖煮，只要懂得配料和去腥的技巧，也可以煮出没有刺鼻药味的美味汤品来。为您精选多道温和的养生汤品，适合各类人群。抽时间为家人和自己煲一款药膳，既美味又养身哦！

炖补材料轻松前处理

　　做炖补药膳时最困扰的就是一堆的食材与中药，总是让人不知道从何处着手。其实炖补的材料可以分成三大类，再依这些材料的特性来处理，就能迅速轻松地准备好食材、药材，完成炖补最重要的准备工作。

1 中草药先清洗

中草药大部分都是经过炮制工艺制成的，难免在加工过程中带有少许的灰尘与杂质，其实这没有太大的影响，如果想更卫生，可以将药材稍微清洗一下。但是千万别冲洗或是泡水太久，以免药材的精华流失。洗好的药材稍微沥干，将多余的水分去除即可入锅炖煮。而体积较小、细散的药材，或不想在享用炖汤时吃到一大堆中药，可以利用药包袋或卤包袋将药材装好入锅，这种袋子多由棉布制成，可重复使用，也有一次性的。不过也不是所有中药材都适合清洗，像是熟地、山药就最好别洗，以免溶化在水中。

2 肉类先汆烫

因为生肉带有血水与脏污，如果直接下锅会让整锅汤混浊且充满杂质，影响口感。为了避免这种情况的发生，尤其是带骨的肉类，最好先放入沸水中汆烫，只要烫除血水与脏污，至肉的表面变色就可以起锅。再讲究点，可以放入冷水中再清洗一次。不过若是使用易熟的肉类，例如鱼肉、没带骨的鸡胸肉，就不适合汆烫过久，因为炖补本来就需要花时间熬煮，若易熟的肉类烫太久，最后吃起来极易干涩难咽。

3 五谷杂粮先泡水

用五谷杂粮来炖煮养生汤，记得要先泡水至软，再去炖煮，才能吃到绵密入味的口感。在浸泡的过程中，也能去除表面的一些杂质，质量不好的杂粮在浸泡的过程中会浮起，可以顺便捞除。这些食材浸泡的时间不一，有的数十分钟，有的可能要好几个小时，难免会影响烹饪的时间，所以建议做炖补的前一晚，先将这些五谷杂粮放入清水中浸泡一晚，隔天再来烹调就比较容易了。为了享受美味，这个步骤可是不可省的。

杏仁蜜枣瘦肉汤

材料
南杏仁1大匙、蜜枣1颗、猪瘦肉150克、干百合1大匙、陈皮1片、老姜片15克、葱白2根、水800毫升

调料
盐1/2小匙、鸡精1/2小匙、绍兴酒1小匙

做法
1. 南杏仁、干百合泡水约8小时后沥干；猪瘦肉剁小块、汆烫洗净；姜片、葱白用牙签串起；陈皮泡水至软，削去白膜；蜜枣洗净，备用。
2. 取一电饭锅内锅，放入以上所有材料，再加入800毫升水及所有调料。
3. 将内锅放入电饭锅里，盖上锅盖、按下开关，煮至开关跳起后，捞除姜片、葱白即可。

四神汤

材料
四神汤料包2包（约60克）、猪小肠500克、猪碎骨300克、水2000毫升

调料
盐1.5小匙、米酒3大匙

做法
1. 猪小肠依序加入盐和白醋（材料外）搓洗，先冲水洗净后，放入滚水中汆烫，捞起洗净，沥干后切段备用。
2. 将四神汤料包倒出略冲水沥干；猪碎骨放入滚水中汆烫，捞起洗净备用。
3. 取汤锅，加入水煮滚后，放入以上所有材料，以小火煮约3小时，加入所有调料即可。

注：四神汤料包含有茯苓、山药、莲子和芡实（或薏仁）。

莲子瘦肉汤

材料
莲子80克、猪腱250克、姜片20克、水700毫升

调料
盐1小匙

做法
1. 莲子以热水泡软，沥干去心备用。
2. 猪腱洗净切大块，放入滚水汆烫后捞出备用。
3. 将以上所有食材、姜片、水和调料，放入电饭锅内锅，按下煲汤键，煮至开关跳起，捞除姜片即可。

木瓜排骨汤

材料
木瓜1/2个、猪排骨500克、南杏仁和北杏仁各1大匙、姜片15克、水1500毫升

调料
盐1/3小匙

做法
1. 木瓜洗净，去皮后切成5厘米方块备用。
2. 猪排骨放入滚水中汆烫至变色，捞出洗净切块备用。
3. 将以上所有食材放入砂锅内，加入1500毫升水及杏仁，大火煮开后转小火续煮2个半小时，最后以盐调味即可。

薏仁沙参煲猪肚

材料
薏仁50克、沙参12克、猪肚200克、红枣5颗、姜片10克、水1000毫升

调料
米酒50毫升、盐1/2小匙

做法
1. 猪肚洗净后切小块；薏仁洗净泡水30分钟后沥干；沙参、红枣略冲洗后沥干备用。
2. 将水加入锅中，煮滚后放入以上所有材料及姜片、米酒。
3. 盖上锅盖煮滚后，改转小火炖煮约50分钟，再加入盐调味即可。

罗汉果排骨汤

材料
罗汉果1/2个、猪排骨600克、陈皮5克、姜片20克、水800毫升

调料
米酒50毫升、盐1/2小匙

做法
1. 猪排骨略冲洗剁块，入锅汆烫后洗净沥干；陈皮及罗汉果略冲洗沥干备用。
2. 将水加入锅中，煮滚后放入以上材料及姜片、米酒。
3. 盖上锅盖煮滚后，改转小火炖煮约60分钟，加盐调味即可。

杏仁猪尾汤

材料
南杏仁10克、猪尾650克、北杏仁10克、胡萝卜60克、玉米150克、姜片20克、水1500毫升

调料
米酒50毫升、盐1/2小匙

做法
1. 猪尾入锅氽烫后洗净沥干；南杏仁及北杏仁略冲洗沥干；胡萝卜洗净去皮切块；玉米洗净分切小段备用。
2. 将水加入锅中，煮滚后放入以上材料及姜片、米酒。
3. 盖上锅盖煮滚后，改转小火炖煮约60分钟，加盐调味即可。

马蹄茅根炖猪心

材料
马蹄6个、茅根15克、猪心1个、枸杞子5克、姜丝10克、水800毫升

调料
米酒30毫升、盐1/2小匙

做法
1. 猪心切片，入锅氽烫后，捞起洗净沥干；茅根及枸杞子略冲洗后沥干；马蹄去皮洗净备用。
2. 将水加入锅中，煮滚后放入以上材料及姜丝、米酒。
3. 盖上锅盖煮滚后，改转小火炖煮约30分钟，加盐调味即可。

柿饼煲猪脊骨

材料
柿饼2个、猪脊骨600克、胡萝卜150克、姜片20克、水1200毫升

调料
米酒50毫升、盐1/2小匙

做法
1. 猪脊骨剁块后入锅氽烫，洗净沥干；胡萝卜洗净去皮切小块；柿饼分切小块备用。
2. 将水加入锅中，煮滚后放入以上材料及姜片、米酒。
3. 盖上锅盖煮滚后，改转小火炖煮约60分钟，加盐调味即可。

香油鸡汤

材料
鸡腿肉2只、姜片40克、桂圆肉40克、热水600毫升

调料
米酒600毫升、盐少许、香油2大匙

做法
1. 鸡腿肉切块，洗净后氽烫一下捞出。
2. 热锅，放入香油、姜片以小火爆香，放入鸡肉块炒香。
3. 再加入米酒拌炒后，加入热水煮约20分钟，放入桂圆肉煮约5分钟，最后加入少许盐调味即可。

四物鸡汤

材料
四物汤药 1 包、土鸡 1/2 只、枸杞子适量、红枣适量、水 800 毫升

调料
盐 1.5 小匙、米酒 1/2 瓶

做法
1. 土鸡剁成大块，放入滚水中氽烫，捞起冲洗掉浮沫再沥干；枸杞子、红枣洗净。
2. 四物汤药放入棉布袋，袋口绑紧。
3. 取汤锅加 800 毫升水煮滚，放入土鸡块、枸杞子、红枣和四物包，转小火炖 1 小时，最后加入所有调料拌匀，拆开药包倒入药材即可。

注：四物汤药含有熟地、川芎、白芍、当归。

何首乌鸡汤

材料
A 乌鸡肉块 900 克、水 800 毫升
B 何首乌 35 克、当归 12 克、黄芪 20 克、红枣 8 颗、炙甘草 3 片

调料
米酒 300 毫升

做法
1. 将乌鸡肉块洗净后放入沸水中氽烫备用。
2. 将所有材料 B 的中药材洗净沥干。
3. 将乌鸡肉块、材料 B、米酒和水放入电饭锅中，按下开关，待开关跳起后闷 10 分钟即可。

桂圆煲乌鸡

材料

桂圆肉 30 克、乌鸡 500 克、党参 20 克、枸杞子 7 克、姜片 15 克、水 1000 毫升

调料

绍兴酒 50 毫升、盐 1/2 小匙

做法

1. 党参及枸杞子略冲洗沥干。
2. 乌鸡洗净剁成小块，放入滚水中汆烫 10 秒，取出用冷水冲净。
3. 将水加入汤锅，煮开后放入党参、枸杞子及乌鸡肉、桂圆肉、姜片、绍兴酒。
4. 盖上锅盖煮滚后，改转小火炖煮约 50 分钟，再加入盐调味即可。

椰子鸡汤

材料

椰子汁 400 毫升、鸡肉 500 克、银耳 10 克、姜片 15 克、水 400 毫升

调料

米酒 50 毫升、盐 1/2 小匙

做法

1. 银耳洗净泡水 30 分钟后沥干，择成小朵。
2. 鸡肉洗净剁成小块，放入滚水汆烫 10 秒，取出用冷水冲净。
3. 将水和椰子汁加入锅中，煮滚后放入银耳及鸡肉、姜片、米酒。
4. 盖上锅盖煮滚后，改转小火炖煮约 50 分钟，再加入盐调味即可。

红枣鸡爪汤

材料

红枣8颗、鸡爪600克、花生80克、当归7克、水1000毫升

调料

米酒50毫升、盐1/2小匙

做法

1. 花生洗净泡水1小时后沥干；当归及红枣略冲洗沥干。

2. 鸡爪洗净剁去指尖，在胫骨上直切一刀划开外皮，剁断胫骨并移除，再将去骨鸡爪放入滚水中氽烫30秒，取出冲净。

3. 将水加入锅中，煮滚后放入放入鸡爪、花生、当归、红枣及米酒。

4. 盖上锅盖煮滚后，改转小火炖煮约60分钟，再加入盐调味即可。

牛蒡当归鸡汤

材料

牛蒡100克、当归7克、鸡肉500克、黄芪10克、熟地10克、枸杞子5克、姜片15克、水1000毫升

调料

米酒50毫升、盐1/2小匙

做法

1. 牛蒡去皮洗净切小段；黄芪、当归、熟地、枸杞子冲洗沥干。

2. 鸡肉剁成小块，放入滚水中氽烫10秒，取出用冷水冲净。

3. 将水加入锅中，煮滚后放入以上所有材料及姜片、米酒。

4. 盖上锅盖煮滚后，改转小火炖煮约60分钟，再加入盐调味即可。

牛肝菌炖乌鸡

材料
牛肝菌 20 克、乌鸡 500 克、红枣 10 颗、姜片 20 克、水 1000 毫升

调料
米酒 50 毫升、盐 1/2 小匙

做法

① 牛肝菌洗净泡水10分钟后沥干；红枣略冲洗沥干备用。

② 乌鸡剁成小块，放入滚水氽烫 10 秒，取出用冷水冲净。

③ 将水加入锅中，煮滚后放入牛肝菌、红枣及乌鸡肉、姜片、米酒。

④ 盖上锅盖煮滚后，转小火炖煮约 50 分钟，再加入盐调味即可。

百合芡实鸡汤

材料
干百合 25 克、芡实 20 克、土鸡肉 200 克、桂圆肉 10 克、姜片 15 克、水 500 毫升

调料
盐 3/4 小匙、鸡精 1/4 小匙

做法

① 土鸡肉洗净剁小块，放入滚水中氽烫去血水，再捞出用冷水冲凉、洗净，放入汤盅中，加入 500 毫升水备用。

② 干百合浸泡在冷水（分量外）中约 5 分钟，泡软后倒去水，与桂圆肉、芡实及姜片一起加入汤盅中，盖上保鲜膜。

③ 将汤盅放入蒸笼中，以中火蒸约 1 小时，蒸好取出后加入所有调料调味即可。

绿豆茯苓鸡汤

材料

绿豆40克、茯苓10克、土鸡肉300克、红枣5颗、水1200毫升

调料

盐1/2小匙、鸡精1/4小匙

做法

1. 绿豆用冷水（分量外）浸泡约2小时后，倒去水，备用。

2. 将土鸡肉洗净剁小块，放入滚水中氽烫去脏血，再捞出用冷水冲凉洗净，与绿豆及茯苓、红枣一起放入汤锅中，加入水，以中火煮至滚沸。

3. 待鸡汤滚沸后捞去浮沫，再转微火，盖上锅盖煮约1.5小时至绿豆熟烂，起锅后加入所有调料调味即可。

陈皮灵芝鸭汤

材料

陈皮5克、灵芝20克、鸭肉600克、枸杞子5克、姜片20克、水1000毫升

调料

米酒50毫升、盐1/2小匙

做法

1. 灵芝洗净泡水10分钟后沥干；枸杞子及陈皮略冲洗沥干备用。

2. 鸭肉洗净剁成小块，放入滚水中氽烫10秒，取出用冷水冲净。

3. 将水加入锅中，煮滚后放入灵芝、枸杞子、陈皮及鸭肉、姜片、米酒。

4. 盖上锅盖煮滚后，改转小火炖煮约50分钟，再加入盐调味即可。

沙参玉竹鸭汤

材料
沙参10克、玉竹15克、鸭肉600克、姜片20克、枸杞子5克、水1000毫升

调料
米酒50毫升、盐1/2小匙

做法
1. 沙参、枸杞子及玉竹略冲洗沥干备用。
2. 鸭肉洗净剁成小块，放入滚水中汆烫10秒，取出用冷水冲净。
3. 将水加入锅中，煮滚后放入沙参、玉竹及鸭肉、姜片、米酒。
4. 盖上锅盖煮滚后，转小火炖煮约50分钟，再加入盐调味即可。

荷叶薏仁鸭汤

材料
干荷叶5克、薏仁60克、鸭肉600克、黄芪10克、姜片20克、水1000毫升

调料
米酒50毫升、盐1/2小匙、糖1/2小匙

做法
1. 干荷叶、薏仁及黄芪略冲洗沥干备用。
2. 鸭肉洗净剁成小块，放入滚水汆烫10秒，取出用冷水冲净。
3. 将水加入锅中，煮滚后放入干荷叶、薏仁、黄芪及鸭肉、姜片、米酒。
4. 盖上锅盖煮滚后，改转小火炖煮约50分钟，再加入盐和糖调味即可。

金银花陈皮鸭汤

材料
金银花 5 克、陈皮 3 克、鸭肉 600 克、无花果 4 颗、黑枣 3 颗、姜片 20 克、水 1000 毫升

调料
米酒 50 毫升、盐 1/2 小匙

做法
1. 金银花、陈皮、无花果及黑枣略冲洗沥干备用。
2. 鸭肉洗净剁成小块，放入滚水中氽烫 10 秒，取出用冷水冲净。
3. 将水加入锅中，煮滚后放入金银花、陈皮、无花果、黑枣及鸭肉、姜片、米酒。
4. 盖上锅盖煮滚后，转小火炖煮约 50 分钟，再加入盐调味即可。

红枣海带鸭汤

材料
红枣 10 颗、海带结 150 克、鸭肉 600 克、花椒 2 克、姜片 20 克、水 1200 毫升

调料
米酒 50 毫升、盐 1/2 小匙

做法
1. 海带结及红枣略冲洗沥干备用。
2. 鸭肉洗净剁成小块，放入滚水氽烫 10 秒，取出用冷水冲净。
3. 将水加入锅中，煮滚后放入海带结、红枣及鸭肉、姜片、花椒、米酒。
4. 盖上锅盖煮滚后，转小火炖煮约 30 分钟，再加入盐调味即可。

当归生姜牛骨汤

材料

当归 5 克、姜片 50 克、牛骨 900 克、熟地 10 克、红枣 10 颗、水 3000 毫升

调料

米酒 50 毫升、盐 1/2 小匙

做法

1. 牛骨剁块入锅汆烫后洗净沥干；当归、熟地及红枣略冲洗沥干备用。
2. 将水加入锅中，煮滚后放入牛骨块、当归、熟地、红枣及姜片、米酒。
3. 盖上锅盖煮滚后，转小火炖煮约 2 小时，再加入盐调味即可。

山药煲牛腱

材料

山药 5 克、牛腱 250 克、陈皮 3 克、姜片 2 片、高汤 2000 毫升

调料

盐少许、米酒 1 大匙

做法

1. 牛腱切成厚片，洗净过水汆烫备用。山药、陈皮、姜片洗净。
2. 取一砂锅，在砂锅中加入所有的材料及调料，以大火煮开后加锅盖，改转小火继续煮 2.5 个小时即可。

药膳羊排汤

材料

当归10克、川芎10克、黄芪15克、熟地1片、陈皮10克、桂皮5克、肉桂5克、枸杞10克、羊排骨600克、姜片10克、水1300毫升

调料

香油3大匙、米酒500毫升、盐少许

做法

1. 羊排骨洗净，冲沸水烫除血水，捞起以冷水洗净；所有药材以冷水冲洗去除杂质后，备用。
2. 取一电饭锅，放入香油、姜片、羊排骨及米酒。
3. 除枸杞子外再将所有药材全部放入锅内，加入水1300毫升。
4. 按下煲汤键煮至跳起，再闷15分钟，放入枸杞子，与盐调味即可。

药膳虾

材料

鲜虾500克、枸杞子1大匙、当归1/2片、参须1小撮、水300毫升、红枣3颗

调料

盐1/2小匙、鸡精1/2小匙、米酒200毫升

做法

1. 将鲜虾洗净，修剪虾须，放入电饭锅内锅或容器中。
2. 将参须、当归、枸杞子、红枣洗净，泡热水2小时备用。
3. 将做法2所有材料、所有调料、水加入做法1的内锅或容器中。
4. 盖上锅盖、按下开关，煮至开关跳起即可。

川芎白芷鱼头汤

材料
川芎12克、白芷15克、青鱼头1/2个（约600克）、枸杞子5克、姜片25克、水800毫升

调料
米酒50毫升、盐1/2小匙

做法
1. 川芎、白芷及枸杞子洗净沥干；青鱼头洗净沥干备用。
2. 取锅，加入2大匙油（材料外）烧热，放入青鱼头煎至两面焦黄，盛出备用。
3. 将水加入锅中煮滚后，将青鱼头及其余材料放入，倒入米酒。
4. 煮滚后改转小火，续煮约15分钟，加入盐调味即可。

百合山药鲈鱼汤

材料
干百合15克、山药20克、鲈鱼500克、枸杞子10克、姜片5克、水1300毫升

调料
盐少许、米酒2大匙

做法
1. 干百合以冷水浸泡约20分钟；山药、枸杞子略冲洗，备用。
2. 鲈鱼去鳞、冲洗干净、切大块入沸水中汆烫去血水后，捞起备用。
3. 取一砂锅，放入水1300毫升煮沸后，放入山药、百合、姜片，转小火煮约10分钟，再放入枸杞子、鲈鱼，以小火续煮约30分钟，起锅前加入所有调料拌匀即可。

山药枸杞鲈鱼汤

材料
山药200克、枸杞子10克、鲈鱼700克、姜丝10克、水800毫升

调料
盐1小匙、米酒30毫升

做法
1. 鲈鱼切块后洗净；山药去皮洗净切小块，备用。
2. 将所有材料、米酒放入电饭锅中，盖上锅盖，按下开关，待开关跳起，加入盐调味即可。

当归杜仲鱼汤

材料
当归8克、杜仲8克、鲈鱼1尾、老姜适量、枸杞子少许、水1500毫升

调料
米酒少许、盐少许

做法
1. 鲈鱼去鳞、内脏洗净后，切成5段。
2. 将当归、枸杞子、杜仲泡在100毫升的冷水中约20分钟。
3. 将以上所有材料、姜、米酒、水1400毫升放入电饭锅中，按下开关，煮至开关跳起，加盐调味即可。

当归虱目鱼汤

材料

当归	15 克
虱目鱼	1 尾
黄芪	30 克
川芎	20 克
枸杞子	10 克
姜片	10 克
水	1800 毫升

调料

米酒	100 毫升
盐	少许

做法

1. 虱目鱼洗净，切成 5 大块；所有中药以冷水冲洗去除杂质，备用。
2. 取汤锅，放入水 1800 毫升与除枸杞子外的中药材料，以小火煮约 15 分钟。
3. 然后将虱目鱼块放入汤锅中，以小火煮约 20 分钟。
4. 最后将枸杞子、米酒加入，再煮约 5 分钟后，起锅前以盐调味即可。

PART5

懒人电饭锅汤

　　煮菜的同时煮汤，可以让烹调的时间大大缩短。用电饭锅来煮汤就有这个好处，食材准备好放入内锅，按下开关，就可以自己煮好，不用担心煮干或烧焦了。在此期间可以再炒几个菜，不一会儿好汤、好菜就一起上桌了。

四宝汤

材料
蛤蜊 200 克、猪肉片 200 克、白萝卜 300 克、金针菇 1 把、干香菇 2 朵、鸽蛋 50 克、高汤 500 毫升

调料
盐 1 小匙、糖 1/4 小匙

做法
1. 白萝卜去皮洗净，切长方块备用。
2. 金针菇去蒂头洗净；蛤蜊洗净汆烫后剥开留汁；干香菇洗净去蒂备用。
3. 猪肉片冲水洗净备用。
4. 将以上所有材料、调料和其余食材一起放入电饭锅中。
5. 盖上锅盖、按下开关，煮至开关跳起即可。

莲藕排骨汤

材料
莲藕 500 克、猪排骨 200 克、姜片 20 克、高汤 500 毫升

调料
盐 2 小匙

做法
1. 莲藕洗净去皮，切滚刀块备用。
2. 猪排骨用沸水汆烫备用。
3. 将以上所有材料、调料和其余食材一起放入电饭锅内。
4. 盖上锅盖、按下开关，煮至开关跳起即可。

南瓜排骨汤

材料
南瓜 100 克、猪排骨 200 克、姜片 15 克、葱白 2 根、水 800 毫升

调料
盐 1/2 小匙、鸡精 1/2 小匙、绍兴酒 1 小匙

做法
① 猪排骨剁小块、汆烫洗净，备用。
② 南瓜去皮、去籽洗净切块，汆烫后沥干，备用。
③ 姜片、葱白用牙签串起，备用。
④ 以上所有材料所入电饭锅，加入 800 毫升水及所有调料。
⑤ 盖上锅盖、按下开关，煮至开关跳起后，捞除姜片、葱白即可。

冬瓜排骨汤

材料
冬瓜 600 克、猪排骨 300 克、姜丝 15 克、水 6 杯

调料
盐适量

做法
① 冬瓜去皮洗净切小块；猪排骨用热开水洗净沥干，备用。
② 取一内锅放入猪排骨、冬瓜块、姜丝及水 6 杯。
③ 将内锅放入电饭锅中，盖锅盖后按下开关，待开关跳起后加盐调味即可。

大头菜排骨汤

材料
大头菜 1/2 个、猪排骨 300 克、老姜 30 克、葱
1 根、水 600 毫升

调料
盐 1 小匙

做法
1. 将猪排骨洗净剁小块，放入滚水汆烫后捞出备用。
2. 大头菜去皮洗净、切滚刀块，放入滚水汆烫后捞出备用。
3. 老姜洗净去皮切片；葱取葱白洗净，备用。
4. 将以上所有食材、水和调料，放入电饭锅中，按下开关，煮至开关跳起，捞除葱白即可。

西红柿煲排骨

材料
西红柿 2 个、猪排骨 300 克、银耳 50 克、水
1600 毫升

调料
盐少许、鸡精少许

做法
1. 猪排骨洗净，冲沸水烫去血水，捞起以冷水洗净备用。
2. 西红柿洗净切块；银耳以冷水浸泡水至软、去除硬头洗净，择小朵备用。
3. 取内锅，放入猪排骨、水、西红柿块及银耳，放入电饭锅中，按下开关，待开关跳起，再闷 10 分钟，起锅前加入所有调料拌匀即可。

松茸排骨汤

材料
松茸 100 克、猪排骨 500 克、姜片 30 克、水
1000 毫升

调料
盐 2 大匙、米酒 3 大匙

做法
1. 猪排骨洗净、切块、汆烫，松茸洗净备用。
2. 取一内锅，加入姜片、猪排骨块、松茸、水及调料，再放入电饭锅，盖上锅盖，按下开关，蒸约 45 分钟即可。

苦瓜排骨酥汤

材料
苦瓜 150 克、猪排骨酥 200 克、姜片 15 克、水
800 毫升

调料
盐 1/2 小匙、鸡精 1/4 小匙、米酒 20 毫升

做法
1. 将苦瓜去籽后切小块，放入滚水中汆烫约10 秒后，取出洗净，与猪排骨酥、姜片一起放入电饭锅中，倒入水、米酒。
2. 按下开关，蒸至开关跳起后加入其余调料调味即可。

澳门大骨煲

材料
猪筒骨	3 根
猪排骨	200 克
胡萝卜	50 克
白萝卜	80 克
玉米	1 个
老姜	20 克
葱	1 根
水	800 毫升

调料
盐	1.5 小匙

做法
① 猪筒骨、猪排骨一起放入滚水中氽烫捞出洗净，胡萝卜、白萝卜去皮，切滚刀块；玉米洗净切小段，放入滚水氽烫捞出，备用。

② 老姜洗净去皮切片；葱洗净去头部切段，备用。

③ 热锅加适量油，放入姜片、猪筒骨、猪排骨，用小火炒 3 分钟。

④ 将炒过的猪筒骨、猪排骨及其他蔬菜料、水和调料，一起放入电饭锅内锅中，按下开关，煮至开关跳起，掀开锅盖，捞出姜片、葱段即可。

金针枸杞猪骨煲

材料
金针菜 30 克、枸杞子 10 克、猪大骨（关节部位）1000 克、姜片 20 克、水 1500 毫升

调料
米酒 50 毫升、盐 1.5 小匙

做法
1. 猪大骨洗净；金针菇洗净泡开水 5 分钟后沥干，备用。
2. 煮一锅水，将猪大骨下锅，煮至滚后取出，冷水洗净沥干。
3. 将煮过的猪大骨放入电饭锅内，加入金针菜、枸杞子、水、姜片及米酒，盖上锅盖，按下开关。
4. 待开关跳起，闷 20 分钟后加盐调味即可。

腌笃鲜

材料
猪排骨 300 克、金华火腿 150 克、竹笋 100 克、豆干结 150 克、大白菜 300 克、水 500 毫升

调料
盐 1/2 小匙、绍兴酒 1 大匙、糖 1/4 小匙

做法
1. 竹笋洗净切小块；猪排骨及金华火腿洗净、切小块；大白菜洗净直切成大块，备用。
2. 将竹笋块、猪排骨块、金华火腿块、大白菜块、豆腐结与调料一起放入电饭锅内锅，盖上锅盖，按下开关，蒸至开关跳起，再闷约 15 分钟即可。

花生猪脚汤

材料
花生 300 克、猪脚 1400 克、姜片 30 克、水 1400 毫升

调料
米酒 50 毫升、盐 1.5 小匙、糖 1/2 小匙

做法
1. 猪脚洗净剁段放入沸水中汆烫去血水；花生泡水 60 分钟至软，备用。
2. 将所有材料、米酒放入电饭锅中，盖上锅盖，按下开关，待开关跳起，再闷 20 分钟后，加入其余调料即可。

参须炖鸡

材料
参须 30 克、土鸡 1/2 只、老姜片 3 片、葱 1 根、枸杞子 1 小匙、水 600 毫升

调料
盐 1 小匙

做法
1. 将土鸡清洗干净，放入电饭锅内锅中；葱洗净切段；参须泡水 1 小时备用。
2. 将参须、盐和其余食材一起放入电饭锅中。
3. 盖上锅盖、按下开关，煮至开关跳起，最后再焖 30 分钟，捞除葱段即可。

芥菜鸡汤

📋 材料
带叶大芥菜 500 克、土鸡（剁块）1/2 只、姜丝 30 克、高汤 500 毫升

🧂 调料
盐 1 小匙、糖 1/4 小匙

🍲 做法
① 将大芥菜洗净，切大块备用。
② 剁块土鸡洗净用沸水汆烫备用。
③ 将以上所有材料、所有调料和姜丝、高汤一起放入电锅中。
④ 盖上锅盖、按下开关，煮至开关跳起即可。

蛤蜊鸡汤

📋 材料
蛤蜊300克、鸡肉500克、葱段20克、姜片20克、热水700毫升

🧂 调料
盐 1/4 小匙、米酒少许

🍲 做法
① 蛤蜊泡水吐沙，洗净备用。
② 鸡肉洗净，放入加了米酒和姜片（分量外）的滚水中汆烫，捞出洗净。
③ 电饭锅中放入鸡肉、姜片和热水，煮至开关跳起。
④ 然后加入蛤蜊、葱段、1 杯水（材料外），盖上锅盖，煮至开关再次跳起，最后加入盐调味即可。

竹荪干贝鸡汤

材料

竹荪15克、干贝5颗、土鸡肉600克、葱段20克、姜片10克、热水850毫升

调料

盐1/4小匙、米酒80毫升

做法

1. 竹荪洗净，用清水泡至软化，用剪刀把竹荪的蒂头剪除，切段备用；干贝洗净，用米酒浸泡至软化。

2. 土鸡肉洗净切大块。取一锅水煮滚，加少许米酒和葱段，放入土鸡肉氽烫，捞出洗净。

3. 电饭锅放入土鸡肉和竹荪、姜片、850毫升的热水、干贝和其余的米酒。

4. 按下开关，煮至开关跳起，加入盐调味即可。

竹笋鸡汤

材料

竹笋300克、鸡肉600克、香菜叶适量、水1000毫升

调料

盐1/2小匙

做法

1. 竹笋洗净去除粗硬外壳，切块。

2. 鸡肉洗净切大块备用。

3. 取一锅水煮滚，加入少许米酒（材料外），放入鸡肉氽烫，捞出以清水冲洗干净。

4. 电饭锅放入竹笋块、鸡肉块和1000毫升水，按下开关煮至开关跳起，再闷10分钟，加入盐和香菜叶即可食用。

养生鲜菇鸡汤

材料
Ⓐ 杏鲍菇50克、金针菇40克、秀珍菇30克、黑珍珠菇40克、白玉菇40克
Ⓑ 鸡腿2只（约450克）、葱丝适量、姜丝15克、热水700毫升

调料
米酒1小匙、盐1/2小匙

做法
① 材料 A 洗净沥干；取一锅水烧热，放入鸡腿肉汆烫，捞出洗净。
② 电饭锅放入鸡腿肉、姜丝、米酒和热水，按下开关，煮至开关跳起。
③ 再然后放入材料 A，盖上盖，按下开关，再次煮至开关跳起，加入盐和葱丝调味即可。

白萝卜味噌鸡汤

材料
白萝卜250克、鸡肉500克、葱花10克、热水900毫升

调料
盐1/4小匙、白味噌50克

做法
① 白萝卜洗净去皮，切大块。
② 鸡肉洗净，放入加了米酒（分量外）的滚水中汆烫，捞出洗净。
③ 电饭锅放入白萝卜块、鸡肉和热水，按下开关，煮至开关跳起。
④ 白味噌以少许水调匀，和葱花、葱丝（材料外）盐一起加入锅内，调匀即可。

茶香鸡汤

材料
茶叶适量、鸡肉 600 克、蟹味菇 120 克、姜丝 10 克、热水 900 毫升

调料
米酒 1 大匙、盐 1/2 小匙

做法
1. 茶叶以 300 毫升热水浸泡至茶色变深。蟹味菇去除蒂头，洗净备用。
2. 鸡肉洗净，放入加了米酒（材料外）的滚水中氽烫，捞出洗净沥干。
3. 电饭锅放入茶叶与茶汁、蟹味菇、鸡肉、姜丝、米酒和其余 600 毫升热水，按下开关，煮至开关跳起，再闷 10 分钟，最后加入盐调味即可。

酸菜鸭汤

材料
酸菜 300 克、鸭肉 900 克、姜片 30 克、水 3000 毫升

调料
盐 1 小匙、鸡精 1/2 小匙、米酒 3 大匙

做法
1. 鸭肉洗净切块，放入滚水中略氽烫后，捞起冲水洗净，沥干备用。
2. 酸菜洗净切片备用。
3. 取电饭锅，放入鸭肉、姜片、酸菜片、水和米酒，放入电饭锅中。
4. 按下开关，待开关跳起，加入盐、鸡精、调味即可。

茶树菇鸭肉煲

材料
茶树菇50克、鸭肉800克、蒜12瓣、水900毫升

调料
绍兴酒50毫升、盐1小匙

做法
1. 鸭肉洗净后剁小块；茶树菇泡水5分钟后洗净沥干，备用。
2. 煮一锅水，水滚开后将鸭肉块下锅汆烫约2分钟后取出，冷水洗净沥干，备用。
3. 将茶树菇和烫过的鸭肉块放入电饭锅内，加入水、绍兴酒及蒜，盖上锅盖，按下开关。
4. 待开关跳起，加入盐调味即可。

陈皮红枣鸭汤

材料
陈皮10克、红枣12颗、鸭肉约800克、党参8克、姜丝30克、水900毫升

调料
绍兴酒50毫升、盐1小匙

做法
1. 鸭肉洗净后剁小块，备用。
2. 煮一锅水，水滚后将鸭肉块下锅汆烫约2分钟后取出，冷水洗净沥干，备用。
3. 将烫过的鸭肉块放入电饭锅，加入水、陈皮、绍兴酒、红枣、党参及姜丝，盖上锅盖，按下开关。
4. 待开关跳起，加入盐调味即可。

香炖牛肋汤

材料

牛肋条1000克、洋葱1/2个、姜丝10克、花椒粒少许、白胡椒粒少许、月桂叶数片、水15杯

调料

盐 2 小匙、鸡精 1 小匙、米酒 2 大匙

做法

① 将牛肋条切成 6 厘米左右的段状，汆烫 3 分钟后捞出过冷水，备用。

② 将洋葱切片后与姜丝一起放入电饭锅中，再加入花椒粒、白胡椒粒（拍碎）与月桂叶，再将牛肋条放在上层，加入 15 杯水后，按下开关炖至开关跳起，加入所有调料后再焖 15 ~ 20 分钟即可。

罗宋汤

材料

牛肋条 200 克、土豆 200 克、圆白菜 200 克、西红柿 2 个、芹菜 30 克、高汤 500 毫升

调料

盐 1 小匙、糖 1/4 小匙、西红柿酱 3 大匙

做法

① 土豆去皮洗净，切滚刀块备用。

② 圆白菜洗净切片；芹菜洗净切小段；西红柿洗净切块备用。

③ 牛肋条冲水洗净，切块备用。

④ 将以上所有材料、调料和高汤一起放入电饭锅中。

⑤ 盖上锅盖，按下开关，煮至开关跳起即可。

萝卜丝鲈鱼汤

材料
白萝卜400克、鲈鱼1尾（约500克）、水400毫升、枸杞子3克、姜丝10克

调料
米酒30毫升、盐1/2小匙

做法
1. 剪去鲈鱼的鱼鳍后，去内脏、洗净切成3大块；白萝卜去皮洗净后切丝放入电饭锅中。
2. 煮一锅水，水滚后将鱼块下锅汆烫约5秒钟立即取出泡水。
3. 将鲈鱼放入电饭锅中，并加入水、枸杞子、姜丝、白萝卜丝、米酒。
4. 盖上锅盖，按下开关。
5. 待开关跳起后，加入盐调味即可。

姜丝鲜鱼汤

材料
姜30克、鲜鱼1尾、葱1根、枸杞子1大匙、水4杯

调料
盐少许、米酒2大匙

做法
1. 鲜鱼去鳞、去内脏后洗净切大块；姜洗净切丝；葱洗净切段，备用。
2. 取一电饭锅内锅，加水4杯放入锅中，盖锅盖后按下开关。
3. 待水滚后开盖，放入鲜鱼、姜丝、米酒、葱段。
4. 盖锅盖后按下开关，待开关跳起后，加盐调味、撒上枸杞子即可。

黄豆煨鲫鱼

材料
黄豆 50 克、鲫鱼 2 条（约 500 克）、水 400 毫升、姜丝 20 克

调料
绍兴酒 30 毫升、盐 1/2 小匙

做法
1. 鲫鱼去鳃及内脏后洗净；黄豆洗净后泡水 6 小时，沥干。
2. 煮一锅水，水滚后将鲫鱼下锅汆烫约 5 秒钟，取出泡水。
3. 将烫过的鲫鱼放入电饭锅，加入水、黄豆、姜丝、绍兴酒。
4. 盖上锅盖，按下开关。
5. 待开关跳起后，加入盐调味即可。

枸杞花雕虾

材料
枸杞子 3 克、虾 500 克、水 200 毫升、参须 5 克

调料
花雕酒 100 毫升、盐 1/2 小匙、糖 1 小匙

做法
1. 虾去肠泥，剪去长须后洗净，备用。
2. 参须、枸杞子与虾一起放入电饭锅中。
3. 然后再加入花雕酒及水，盖上锅盖，按下开关。
4. 待开关跳起后，加入其余调料即可。

萝卜马蹄汤

材料
白萝卜150克、马蹄200克、胡萝卜100克、芹菜段适量、姜片15克、水800毫升

调料
盐 1/2 小匙、鸡精 1/4 小匙

做法
1. 将马蹄去皮洗净，白萝卜及胡萝卜去皮后洗净切小块，一起放入滚水中汆烫约 10 秒后，与姜片一起放入电饭锅内锅中，再倒入水。
2. 按下开关，蒸至开关跳起后，加入芹菜段、盐、鸡精调味即可。

火腿冬瓜夹汤

材料
火腿 100 克、冬瓜 500 克、姜片 15 克、水 800 毫升

调料
盐 1/2 小匙、鸡精 1/4 小匙、米酒 20 毫升

做法
1. 将冬瓜去皮、去籽后洗净切成长方形厚片，再将厚片中间横切但不切断，成蝴蝶片；火腿切薄片，备用。
2. 将冬瓜、火腿一起放入滚水中汆烫约 10 秒后，取出洗净。
3. 再将火腿夹入冬瓜片中，与姜片一起放入大碗中，再倒入水、米酒。
4. 将碗放入电饭锅中的蒸架上。
5. 按下开关、蒸至开关跳起后，加入其余调料调味即可。

冬瓜海带汤

材料

冬瓜 500 克、海带结 100 克、姜丝适量、高汤 400 毫升、水 400 毫升

调料

盐适量、米酒 15 毫升、味酥 15 毫升

做法

1. 冬瓜洗净，以刀面刮除表皮留下的绿色硬皮，切粗角丁；海带结洗净备用。
2. 将所有材料放入电饭锅内。
3. 按下开关，待开关跳起，加入所有调料调味即可。

冬瓜贡丸汤

材料

冬瓜 500 克、贡丸 200 克、姜末 5 克、水 800 毫升、芹菜末 20 克

调料

盐 1/2 小匙、鸡精 1/4 小匙、白胡椒粉 1/8 小匙

做法

1. 将冬瓜去皮去籽后切小块，洗净后与贡丸、姜末、水一起放入电饭锅内，再倒入水。
2. 按下开关，蒸至开关跳起后，加入芹菜末及所有调料调味即可。